全国水情年报

2018

水利部信息中心　编著

·北京·

内 容 提 要

本书介绍了2018年全国降水、台风、洪水、干旱、江河径流量、水库蓄水、冰情及主要雨水情过程，并对各流域（片）洪水进行分述。

本书内容全面，数据翔实准确，适合于社会经济、防汛抗旱、水资源管理、水文气象、农田水利、环境评价等领域的技术人员和政府决策人员阅读与参考。

图书在版编目（CIP）数据

全国水情年报. 2018 / 水利部信息中心编著. -- 北京 : 中国水利水电出版社，2019.9
ISBN 978-7-5170-8172-2

Ⅰ. ①全… Ⅱ. ①水… Ⅲ. ①水情－中国－2018－年报 Ⅳ. ①P337.2-54

中国版本图书馆CIP数据核字(2019)第242396号

审图号：GS（2019）4018号

书　　名	全国水情年报 2018 QUANGUO SHUIQING NIANBAO 2018
作　　者	水利部信息中心 编著
出版发行	中国水利水电出版社 (北京市海淀区玉渊潭南路1号D座 100038) 网址：www.waterpub.com.cn E-mail：sales@waterpub.com.cn 电话：(010) 68367658（营销中心）
经　　售	北京科水图书销售中心（零售） 电话：(010) 88383994、63202643、68545874 全国各地新华书店和相关出版物销售网点
排　　版	北京金五环出版服务有限公司
印　　刷	北京博图彩色印刷有限公司
规　　格	210mm×285mm 16开本 4.75印张 127千字
版　　次	2019年9月第1版 2019年9月第1次印刷
定　　价	68.00元

《全国水情年报2018》编写组

主　　　编　孙春鹏

副　主　编　王　容　张麓瑀　胡健伟　王　琳

主要编写人员　（按姓氏笔画排序）

王金星　尹志杰　卢洪健　孙　龙　朱　冰

朱春子　刘志雨　李　磊　陈树娥　周国良

郑　文　赵兰兰　胡智丹　侯爱中　高唯清

郭　乐　黄昌兴　戚建国　彭　英

目录

第 1 章　概述

2018 年，西北太平洋副热带高压明显偏强偏西，我国降水偏多偏北局部强度大，台风登陆偏多偏强北上影响重，四大江河接连发生编号洪水，河流超警多，堰塞湖事件集中频发，险情风险大。

北方降水偏多明显，多地极端暴雨频发。2018 年，全国共发生 34 次强降雨过程，平均年降水量为 664mm，较常年偏多 6%。4 月河北河南发生 1951 年以来同期罕见强降雨，有 43 个县（市）日雨量突破当地同期极值；6 月初至 7 月中旬，嘉陵江岷沱江连续出现 6 次强降水过程，累积面雨量较常年同期偏多 8 成，列历史同期第 1 位；8 月中旬受台风“温比亚”影响，山东中北部 7 个县（市）日雨量突破历史极值；8 月下旬受热带低值系统影响，广东持续出现暴雨天气，沿海局部出现了大暴雨到特大暴雨，有 163 站累积降雨量超过 500mm，广东惠州高潭镇最大 24h 雨量达 1056mm，为 2018 年最大 24h 雨量。

台风生成登陆偏多偏强，路径复杂、罕见、影响重。2018 年，西北太平洋和南海共生成 29 个台风，较常年偏多 3.5 个；登陆 10 个，较常年偏多近 3 个。登陆个数为 1994 年以来并列最多，有两个强台风登陆我国，“山竹”为 2018 年登陆我国最强台风，“玛莉亚”为有记录以来 7 月登陆福建最强台风。8 月共生成 9 个台风，列 1967 年以来同期第 1 位；登陆 4 个，列 1998 年以来同期第 1 位。台风“安比”“云雀”和“温比亚”26 天内接连登陆上海，为 1949 年以来首次。“安比”“摩羯”和“温比亚”登陆后均北上，给华东、华北、东北等地带来强降雨。

四大江河发生编号洪水，中小河流洪水频发。2018 年，我国于 4 月 14 日入汛，较常年（4 月 1 日）晚 13 天；长江、黄河、松花江、淮河四大江河共发生 7 次编号洪水，其中长江发生 2 次编号洪水，上游发生区域性较大洪水；黄河发生 3 次编号洪水，上游甘肃、宁夏、内蒙古河段持续出现较大流量 60 多天。全国共有 454 条河流发生超警洪水，涉及 24 个省（自治区、直辖市），其中 72 条河流发生超保洪水，24 条河流发生超历史洪水。

堰塞湖事件连续集中发生，洪水影响风险大。2018 年 10—11 月，金沙江和雅鲁藏布江接连形成 4 次堰塞湖，其中金沙江上游川藏交界处因山体滑坡 2 次形成堰塞湖，最大溃决洪水流量 31000m^3/s，造成金沙江叶巴滩—奔子栏江段流量超历史；西藏雅鲁藏布江下游因冰川崩塌泥石流 2 次形成堰塞湖，最大溃决洪水流量 32000m^3/s，造成雅鲁藏布江墨脱县德兴江段流量超历史。

水文干旱总体偏轻，局部地区受旱较重。2018 年，全国水文干旱总体偏轻，区域性、阶段性特征明显。东北大部、华北北部发生春旱，6 月初东北大部及华北北部部分地区土壤缺墒严重，黑龙江、吉林、辽宁、内蒙古、河北等地一度有 105 个县（区）中度以上缺墒。夏季江南、华南大部持续高温少雨，长江上中游部分地区失墒明显，8 月上旬，湖北、湖南、江西、四川及重庆北部共有 120 个县（区）土壤中度以上缺墒。

江河来水接近常年，水库蓄水总体偏多。2018 年，全国主要江河年径流量接近常年略偏少。长江上游偏多 1 成，黄河偏多 2 ~ 4 成，淮河接近常年略偏多；松花江偏少 1 成，辽河偏少 6 成，海河流域拒马河偏少 6 成多，长江中下游偏少近 1 成，西江偏少 1 成。年末，全国水库蓄水总量较常年偏多 1 成，青海、安徽、北京、黑龙江、河北等地水库蓄水偏多 4 ~ 7 成。

春季开河总体偏早，冬季封河明显偏晚。2018 年 3—4 月，黄河内蒙古河段、松花江干流、黑龙江干流等封冻河流陆续开河（江），开河（江）日期较常年偏早 1 ~ 11 天；12 月，黄河内蒙古河段以及黑龙江、松花江等干流河段相继封冻，首封日期较常年偏晚 3 ~ 22 天，凌情总体平稳。

第 2 章　雨水情概况

2.1　降水

2.1.1　全国年降水量较常年偏多

2018 年，全国年降水量为 664mm，较常年（625mm）偏多 6%，较 2017 年（641mm）偏多 4%，见图 2.1。

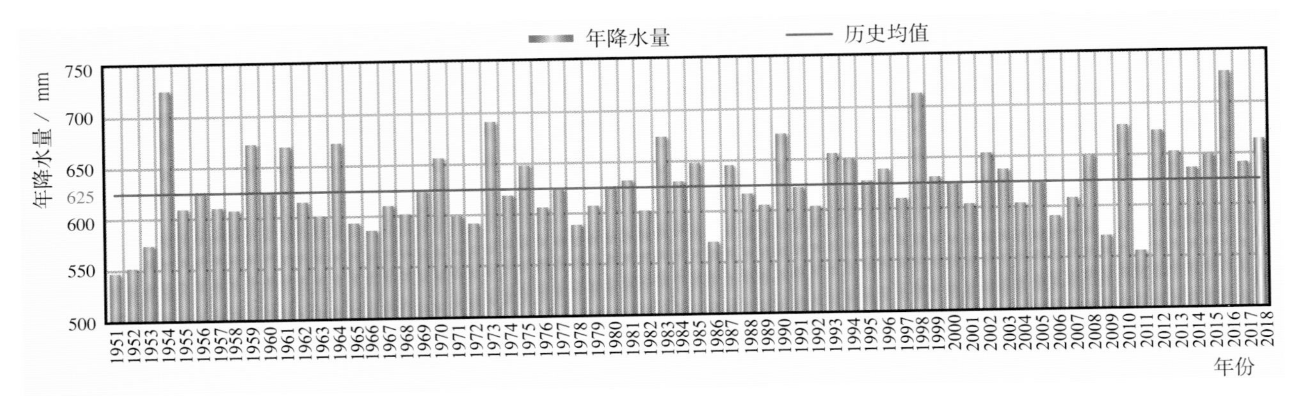

（a）历年降水量

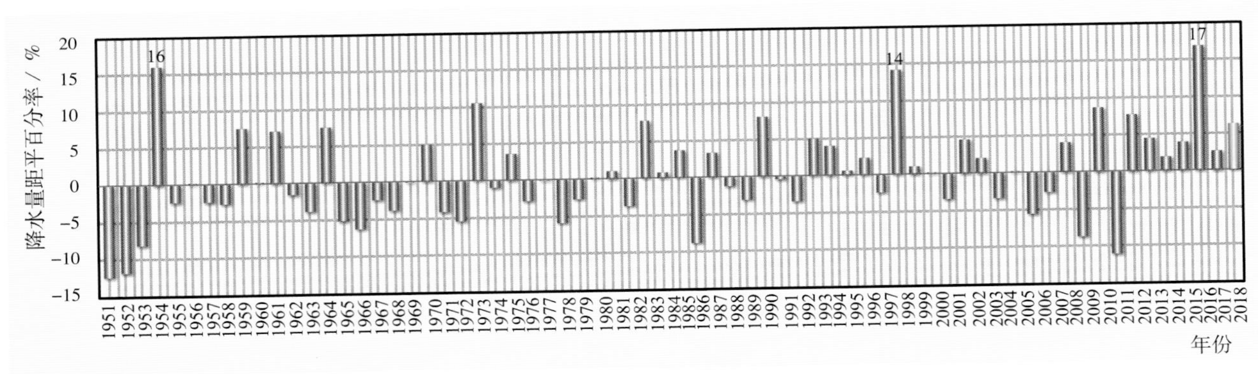

（b）历年降水量距平百分率

图 2.1　历年全国年降水量及距平百分率

2.1.2　空间格局呈现“北多南少”

降水空间分布总体呈现 “北方偏多、南方偏少”的特征。西北中部东部、西南北部、东北中部及新疆西部偏多 3 ~ 7 成，华南北部、江南、黄淮西部、东北南部及湖北偏少 1 ~ 3 成，见图 2.2 和图 2.3。

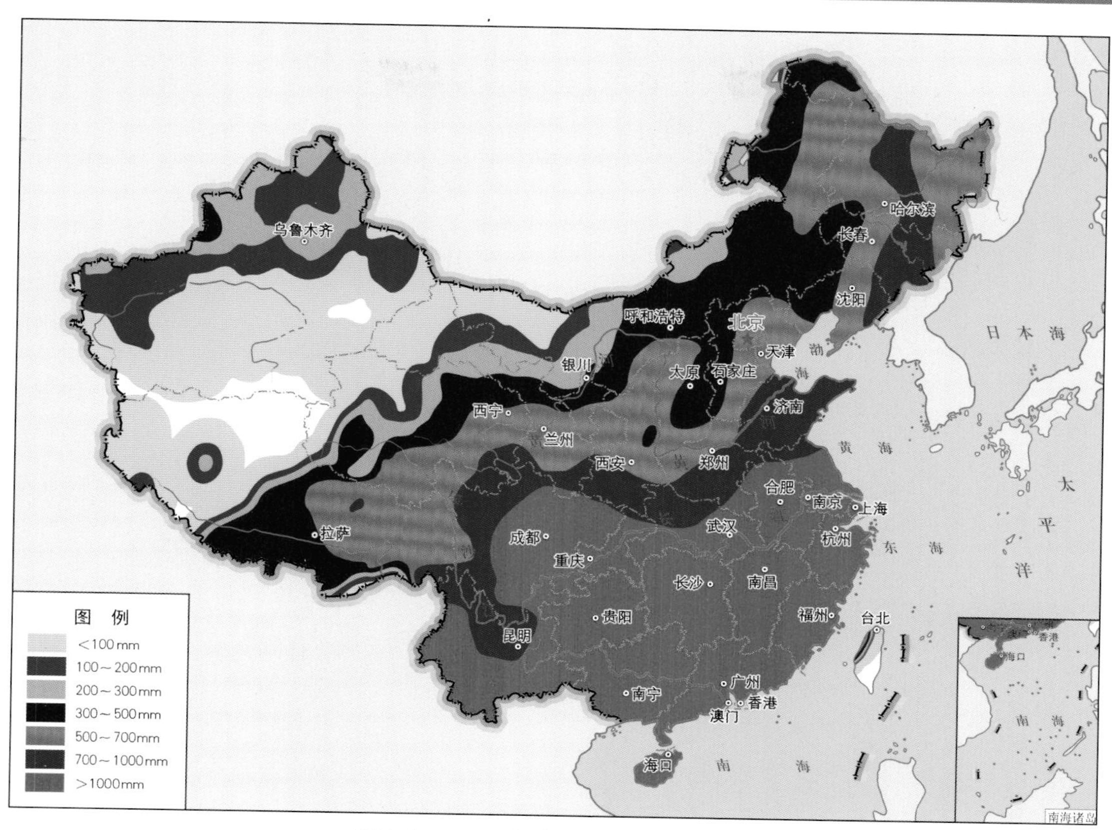

图 2.2　2018 年全国年降水量分布

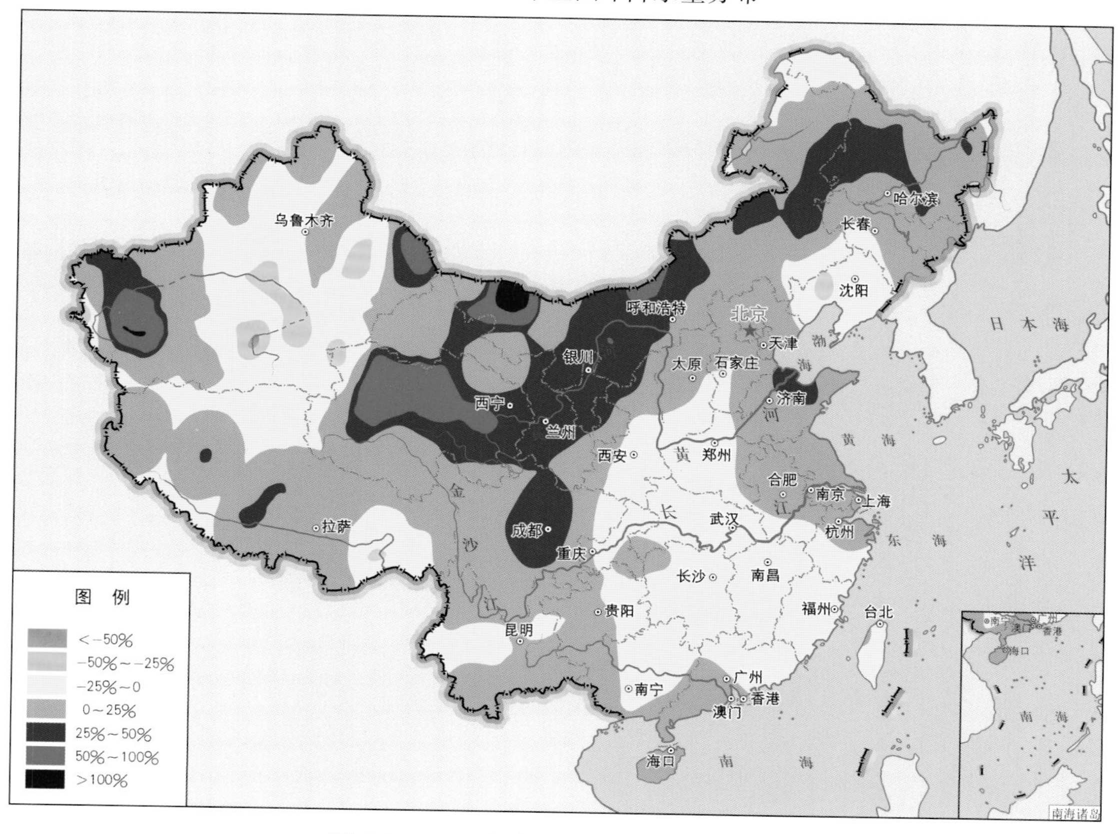

图 2.3　2018 年全国年降水量距平百分率

2.1.3 时间分布呈现"前少后多"

全国降水呈现"前少后多"的时间特点，上半年有4个月降水较常年均偏少，其中2月偏少5成；下半年除10月外降水较常年均偏多，其中8月、11月、12月偏多2成以上，见图2.4。

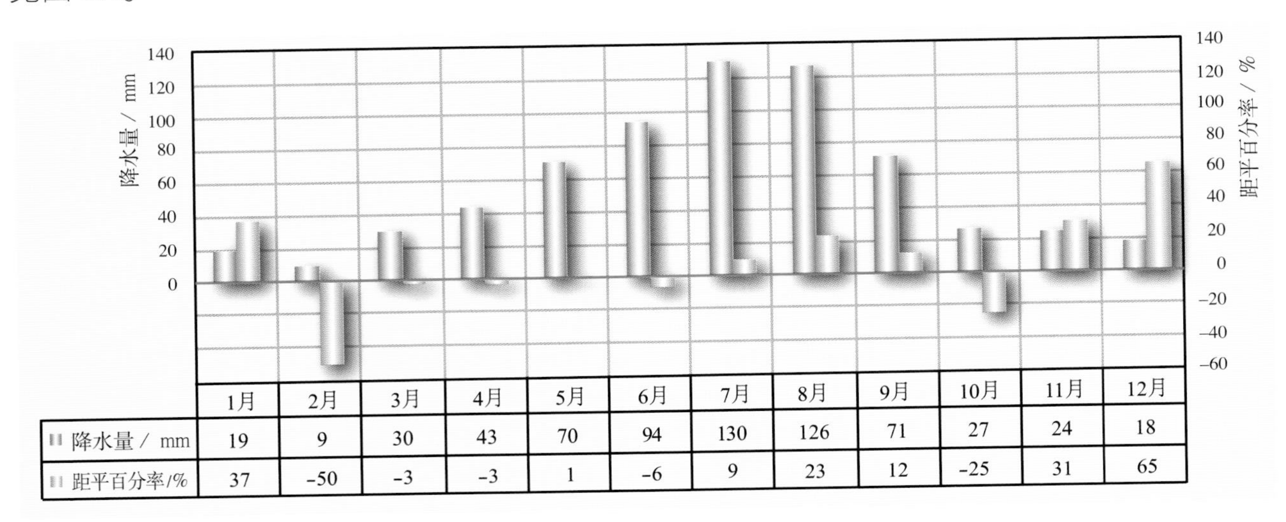

	1月	2月	3月	4月	5月	6月	7月	8月	9月	10月	11月	12月
降水量 / mm	19	9	30	43	70	94	130	126	71	27	24	18
距平百分率/%	37	-50	-3	-3	1	-6	9	23	12	-25	31	65

图 2.4 2018年全国逐月降水量及距平百分率

2.1.4 强降水过程多，暴雨强度大

2018年共出现34次强降水过程。6—7月，西南北部、西北东部连续出现6次强降水过程，暴雨主要集中在四川北部、陕西南部等地，其中6月25日至7月1日，累积最大点雨量四川雅安龙头石为620mm，陕西汉中广坪为411mm；7月10—14日，四川100mm以上暴雨笼罩面积达3.99万km^2，其中四川德阳、绵阳等地累积面降水量分别达185mm、163mm，累积最大点雨量四川绵阳大康为503mm、陕西汉中田家坝为382mm。7—8月，华北大部出现6次强降水过程，京津冀部分地区多次出现暴雨到大暴雨，其中7月15—17日，北京累积降水量为108mm，其中密云为180mm，累积最大点降水量密云张家坟为388mm，该站最大日雨量为310mm。8月以来，受台风"贝碧嘉""山竹"及热带低值系统影响，华南共出现3次强降水过程，其中8月24—31日，受热带低值系统影响，广东持续出现暴雨天气，沿海局部出现了大暴雨到特大暴雨，有163站累积降雨量超过500mm，累积最大点降水量惠州高潭镇为1399mm、汕尾青年为975mm；最大24h雨量惠州高潭镇为1056mm，为有记录以来最大值。

2.2 台风

2.2.1 台风生成数偏多，时间集中

2018年，西北太平洋和南海共生成台风29个，较常年偏多3.5个，见图2.5。生成时

间主要集中在 6—9 月，其中 8 月共生成 9 个台风，列 1967 年以来第 1 位，见图 2.6。

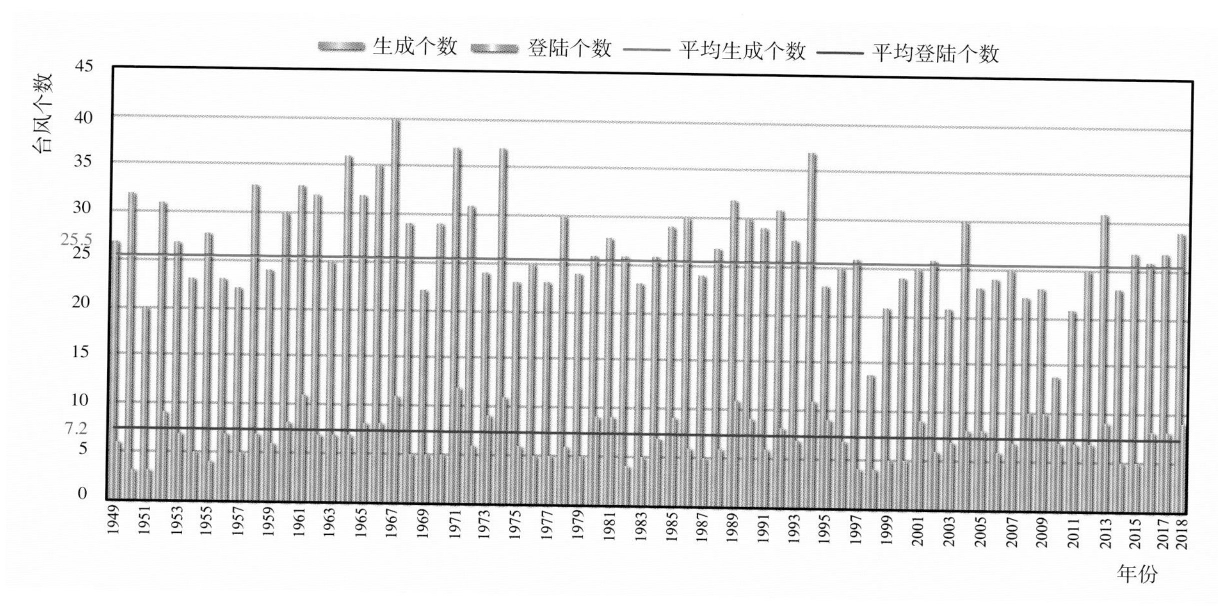

图 2.5　历年生成和登陆台风个数柱状图

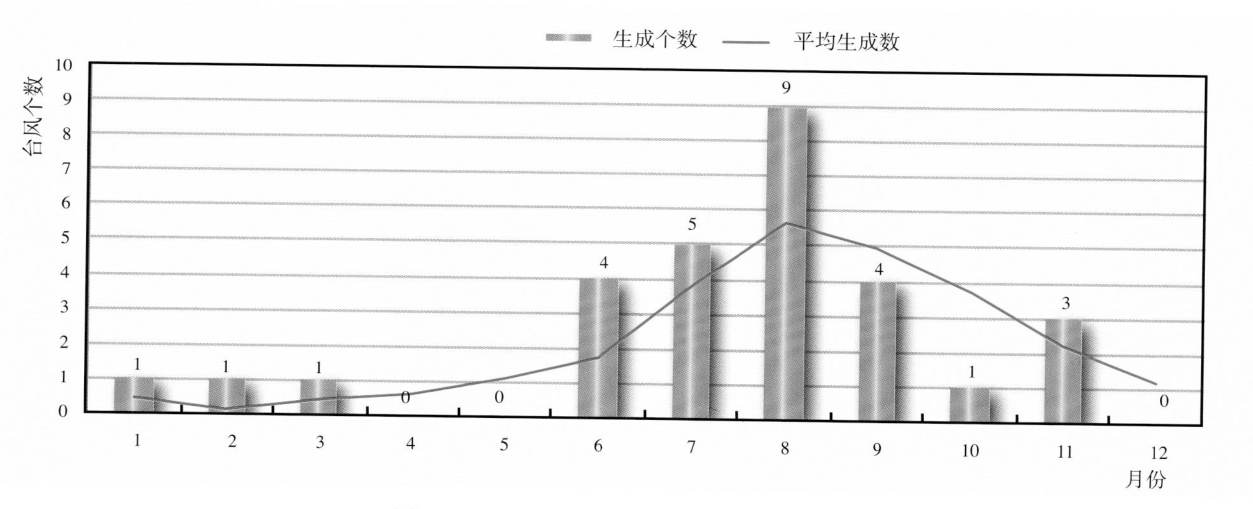

图 2.6　2018 年逐月台风生成个数柱状图

2.2.2　台风登陆数偏多，地点集中

2018 年，共登陆 10 个台风，较常年偏多近 3 个，登陆个数为 1994 年以来并列最多，其中 8 月登陆 4 个，列 1998 年以来同期第 1 位。登陆地点主要集中在广东、海南一带和上海、浙江一带，其中第 10 号台风“安比”、第 12 号台风“云雀”和第 18 号台风“温比亚”3 个台风登陆上海，为 1949 年以来最多，2018 年登陆台风路径见图 2.7。

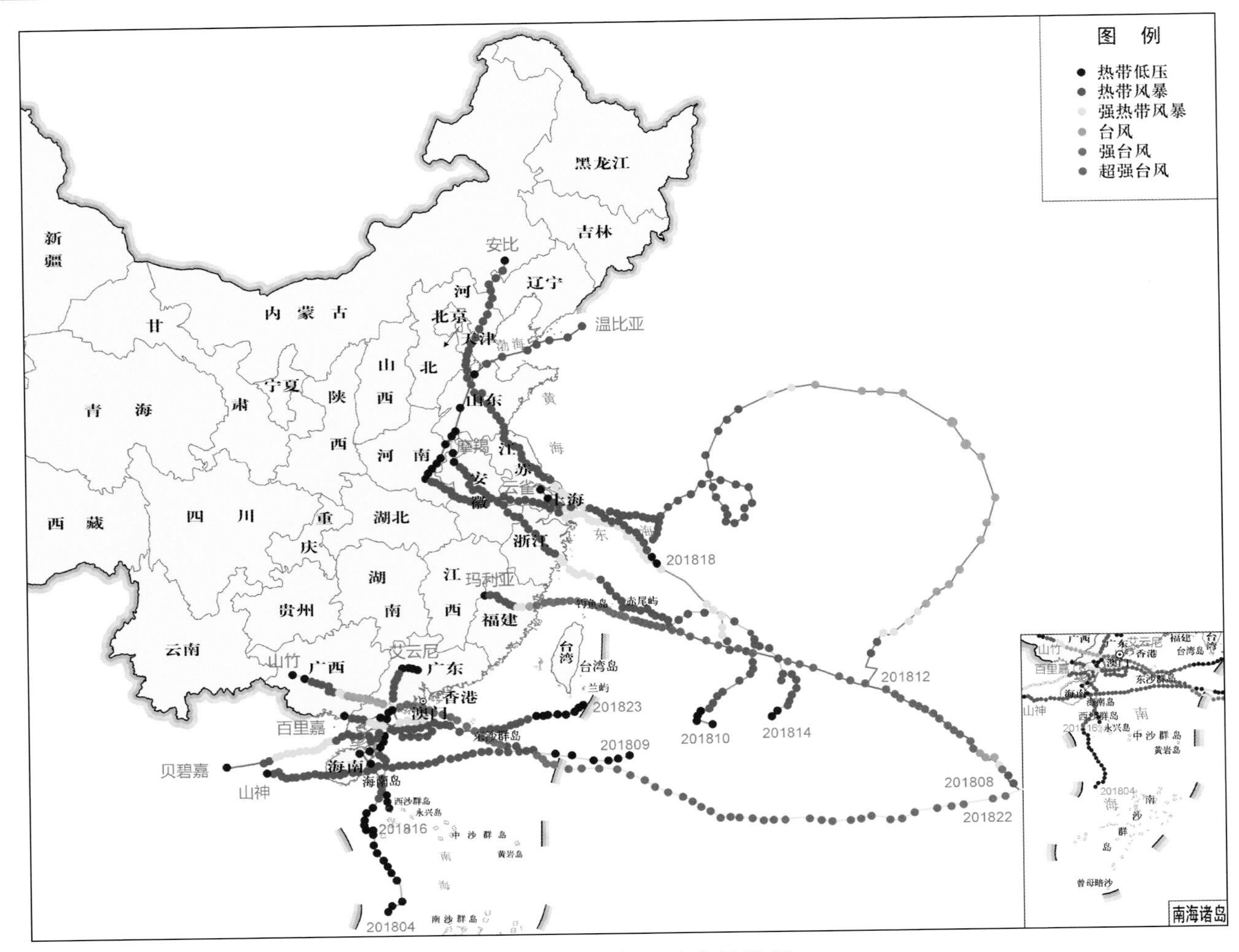

图 2.7　2018 年登陆台风路径

2.2.3　台风路径怪异，连续北上

第 4 号台风“艾云尼”和第 16 号台风“贝碧嘉”在华南近海打转徘徊多次登陆、第 12 号台风“云雀”在日本近海和东海多次曲折回转登陆华东等复杂罕见路径，第 10 号台风“安比”、第 14 号台风 “摩羯”和第 18 号台风“温比亚”一个月内相继在华东登陆并北上的罕见路径，其中“温比亚”影响了华东、华北、东北 10 个省份，给华东、华北、东北等地带来了大范围风雨影响。

2.2.4　台风登陆强度大，影响重

2018 年，有两个强台风登陆我国。第 8 号台风“玛莉亚”以 14 级风力登陆福建，为 1949 年以来 7 月登陆福建的最强台风，福建、浙江部分地区出现强降雨，沙埕站出现历史最高潮位。第 22 号台风“山竹”鼎盛期风力达到 17 级以上，登陆时风力达 14 级，为 2018 年登陆我国的最强台风，给华南、华东等地带来强降雨，珠江三角洲 12 个潮位站出现历史最高潮位。2018 年登陆和影响我国的台风基本情况见表 2.1。

表 2.1　2018 年登陆和影响我国的台风基本情况

序号	编号	名称	鼎盛量级	登陆情况			影响地区	降水情况	洪水情况
				时间	地点	风力（风速）			
1	201804	艾云尼	热带风暴	6月6日6时 6月6日14时 6月7日20时	广东徐闻 海南海口 广东阳江	8 级（20m/s） 8 级（18m/s） 8 级（20m/s）	海南、广东、福建、浙江、湖南、江西	6 月 4—10 日，累积面雨量：广东 229mm、海南 151mm、福建 103mm、江西 97mm；共 9 个地市面雨量超过 300mm，以广东汕尾 418mm 为最大；大于 400mm、250mm 的笼罩面积分别为 1.0 万 km^2、7.3 万 km^2；累积最大点降水量：广东江门螺塘水库 852mm、海南文昌东坡 533mm	海南南渡江上游、广东北江上中游、福建汀江、江西赣江中游等 45 条河流发生超警以上洪水，其中江西赣江中游支流蜀水发生超历史洪水
2	201808	玛莉亚	超强台风	7月11日9时11分	福建连江	14 级（42m/s）	福建、浙江、江西、湖南、湖北	7 月 10—12 日，累积面雨量：福建 46mm（宁德 75mm、福州 72mm）、浙江 31mm（温州 126mm）、江西 25mm、湖南 23mm、湖北 14mm；大于 100mm、50mm 的笼罩面积分别为 1.4 万 km^2、11.1 万 km^2；累积最大点降水量：浙江丽水龙现 309mm、福建宁德桑园水库 208mm、湖南株洲泗汾 217mm	浙江、福建沿海有 7 个潮位站超警戒潮位，其中福建福鼎沙埕站出现 1956 年建站以来最高潮位
3	201809	山神	热带风暴	7月18日4时50分	海南万宁	9 级（23 m/s）	海南、广东、广西	7 月 17—19 日，累积面雨量：海南 77mm、广西 10mm、广东 10mm；大于 100mm、50mm 的笼罩面积分别为 0.5 万 km^2、3.8 万 km^2；累积最大点降水量：海南陵水小妹 241mm、广西防城港 151mm、广东珠海斗门 114mm	海南、广东、广西部分中小河流小幅涨水，无河流超警
4	201810	安比	强热带风暴	7月22日12时30分	上海崇明岛	10 级（28 m/s）	浙江、上海、江苏、安徽、河南、山东、河北、北京、天津、内蒙古、辽宁、吉林、黑龙江	7 月 21—25 日，累积面雨量：天津 129mm、北京 83mm、上海 51mm、河北 47mm（唐山 106mm）、山东 43mm（日照 134mm、潍坊 106mm）、黑龙江 42mm、江苏 31mm、浙江 31mm、内蒙古 20mm、辽宁 26mm、吉林 12mm；大于 100mm、50mm 的笼罩面积分别为 9.5 万 km^2、49.4 万 km^2；累积最大点降水量：黑龙江绥化卫东林场 285mm、天津西郊区 264mm、北京密云石城 227mm、辽宁朝阳六家子 225mm、山东潍坊大关水库 222mm	松花江流域呼兰河、汤旺河、兴隆河等 17 条河流发生超警以上洪水，其中，汤旺河、呼兰河等 8 条河流超保，4 条河流超历史；海河流域潮河发生 1998 年以来最大洪水

续表

序号	编号	名称	鼎盛量级	登陆情况			影响地区	降水情况	洪水情况
				时间	地点	风力（风速）			
5	201812	云雀	台风	8月3日 10时30分	上海金山	9级 （23m/s）	上海、浙江、江苏、安徽	8月2—4日，累积面雨量：上海51mm、浙江36mm（嘉兴150mm）、江苏24mm（苏州49mm）、安徽21mm（铜陵69mm）；大于100mm、50mm的暴雨笼罩面积分别为0.6万km^2、4.3万km^2；累积最大点降水量：浙江嘉兴海盐239mm、安徽巢湖凤凰颈闸136mm、江苏南京山头水库107mm、上海枫围103mm	浙江钱塘江支流新昌江、苕溪支流頔塘、甬江部分支流等5条中小河流及太湖杭嘉湖区15站超警，其中杭嘉湖区有10站超保
6	201814	摩羯	强热带风暴	8月12日 23时35分	浙江 台州温岭	10级 （28m/s）	上海、浙江、江苏、安徽、山东、河南、北京、天津、河北、辽宁	8月12—15日，累积面雨量：辽宁80mm（营口138mm、鞍山125mm）、山东73mm（东营120mm、德州118mm）、上海62mm、浙江55mm（台州105mm）、江苏46mm（徐州124mm）、安徽47mm（宿州111mm）、河北42mm（秦皇岛130mm、沧州106mm）；大于100mm、50mm的暴雨笼罩面积分别为12.7万km^2、49.9万km^2；累积最大点降水量：河北沧州盐山349mm、辽宁丹东太平川338mm、山东潍坊乔官280mm、安徽安庆头陀295mm	浙江椒江支流朱溪，杭嘉湖河网区，江苏洪泽湖水系濉河，辽东半岛大洋河、碧流河等9条中小河流发生超警洪水；华东沿海有23个潮位站超警
7	201816	贝碧嘉	强热带风暴	8月10日 9时	海南琼海	7级（热带低压） （15m/s）	广东、海南、广西、云南	8月9—17日，累积面雨量：海南277mm（临高518mm、儋州420mm）、广东118mm（珠海334mm、阳江324mm、江门272mm）、广西55mm（防城港139mm、北海114mm）及云南西双版纳81mm、红河44mm、文山40mm；大于400mm、250mm、100mm、50mm的暴雨笼罩面积分别为0.7万km^2、4.1万km^2、13.0万km^2、30.1万km^2；累积最大点降水量：海南白沙南高岭867mm、广东江门古兜山664mm、广西崇左麻垅345mm、云南西双版纳那景210mm	海南南渡江上游、广东漠阳江、广西左江支流明江和派连河、云南泸江支流稼依河等26条中小河流发生超警洪水；广东沿海有11个潮位站超警
				8月11日 10时	广东 阳江海陵	7级（热带低压） （15m/s）			
				8月15日 21时40分	广东雷州	9级 （23m/s）			

续表

序号	编号	名称	鼎盛量级	登陆情况			影响地区	降水情况	洪水情况
				时间	地点	风力（风速）			
8	201818	温比亚	强热带风暴	8月17日4时5分	上海浦东新区	9级（23m/s）	上海、浙江、江苏、安徽、河南、山东、河北、天津、辽宁、吉林	8月16—20日，累积面雨量：山东145mm（东营244mm、菏泽215mm、泰安189mm）、安徽117mm（淮北223mm、宿州214mm、蚌埠182mm）、江苏95mm（镇江146mm、徐州135mm、南京126mm）、河南85mm（商丘274mm、周口191mm、开封181mm）、上海79mm、辽宁54mm（大连168mm、丹东123mm、营口97mm）、浙江45mm（舟山92mm、湖州89mm）、天津25mm、吉林22mm（白山59mm）、河北20mm；大于250mm、100mm、50mm的暴雨笼罩面积分别为2.7万km^2、32.0万km^2、62.1万km^2。累积最大点降水量：河南商丘火胡庄494mm、安徽淮北425mm、江苏徐州鹿楼444mm、山东菏泽杨楼312mm	浙江、江苏、安徽、山东、辽宁、吉林等6省有32条河流发生超警以上洪水，其中7条超保，4条超历史；淮河流域沭河发生2018年第1号洪水，为2010年以来最大；太湖周边及杭嘉湖河网区共计有36个站水位超警，6站超保
9	201822	山竹	超强台风	9月16日17时	广东江门台山	14级（45m/s）	广东、广西、海南、上海、江苏、浙江、贵州、福建、江西、湖南	9月15—18日，累积面雨量：广东107mm（阳江215mm、深圳196mm、云浮183mm）、广西85mm（防城港125mm、河池112mm、玉林108mm）、海南73mm、上海68mm、江苏51mm（南通106mm、苏州94mm）、浙江51mm（嘉兴120mm、宁波115mm、舟山112mm）、贵州46mm（黔南78mm、贵阳68mm）、福建28mm（宁德56mm）、江西25mm、湖南20mm；大于250mm、100mm、50mm的暴雨笼罩面积分别为0.2万km^2、18.2万km^2、60.1万km^2。累积最大点降水量：广东茂名大田顶508mm、广西防城港枯叫419mm、上海崇明草棚镇349mm、江苏苏州常熟298mm、浙江宁波象山226mm	广东、广西、江苏、浙江、福建5省（自治区）89条中小河流发生超警以上洪水，其中太湖周边及杭嘉湖区9站超保，广东漠阳江发生超30年一遇大洪水；广东沿海24个潮位站超警，其中珠海白蕉、广州中大、东莞大盛、中山横门等12站超历史最高潮位
10	201823	百里嘉	强热带风暴	9月13日8时30分	广东省湛江市坡头区	10级（25m/s）	广东、海南、广西	9月12日8时至13日17时，广东中西部沿海、广西东南部等地部分地区降水量10～30mm，其中广东江门湛江部分地区降水量40～60mm；累积最大点降水量：广东江门果仔园水库118mm	广东部分中小河流小幅涨水，无河流超警

2.3 洪水

2.3.1 四大江河发生编号洪水，长江上游发生较大洪水

2018 年，我国长江、黄河、松花江、淮河四大江河共发生 7 次编号洪水，其中，长江发生 2 次编号洪水，上游发生区域性较大洪水，干流重庆寸滩江段水位超保，嘉陵江上游、涪江上游、沱江上游发生特大洪水，大渡河上中游发生大洪水；黄河发生 3 次编号洪水，上游兰州段、中游吴堡段先后超警，支流渭河全线超警，上游甘肃、宁夏、内蒙古河段持续出现较大流量 60 多天；黑龙江发生超警洪水，第二松花江上游发生 1 次编号洪水，乌苏里江上游发生超保证水位洪水；淮河流域沭河发生 1 次编号洪水；海河北系潮河和白河均发生 1998 年以来最大洪水。

2.3.2 洪水时空相对集中，部分河流洪水超历史

2018 年，全国共有 454 条河流发生超警洪水，涉及云南、西藏、四川、安徽、山东、黑龙江、吉林、甘肃、广东、广西、浙江、福建等 24 个省（自治区、直辖市），其中四川、云南、黑龙江、广东、广西、浙江等 6 个省（自治区）共 299 条河流超警，约占全国超警河流的 2/3；6—9 月超警河流依次为 138 条、167 条、204 条、143 条，以 8 月最为集中，约占全年的 45%（超警河流数在月内不重复统计，各月之间可能重复）。

全国有 72 条河流发生超保以上洪水，其中 24 条河流发生超历史洪水，包括西藏雅鲁藏布江、四川涪江、陕西渭河、云南金沙江、黑龙江呼兰河等 5 条主要河流，以及安徽淮河北岸支流奎河和濉河、江苏洪泽湖水系新汴河、山东沿海弥河、吉林浑江支流大罗圈河、宁夏沿黄支流汝箕沟、内蒙古境内黄河上游支流乌苏图勒河、甘肃嘉陵江上游支流白水江，江西赣江中游支流蜀水等 19 条中小河流。2018 年全国超警河流分布见图 2.8。

2.3.3 堰塞湖事件连续集中发生，洪水影响风险大

10 月 10 日至 11 月 15 日，金沙江和雅鲁藏布江接连发生 4 次堰塞湖事件，其中金沙江上游川藏交界处因山体滑坡分别于 10 月 10 日和 11 月 3 日 2 次形成堰塞湖，最大蓄水量分别为 2.9 亿 m^3 和 5.8 亿 m^3，最大溃决洪水流量为 31000m^3/s，造成金沙江叶巴滩—奔子栏江段流量超历史；西藏雅鲁藏布江下游因冰川崩塌泥石流分别于 10 月 17 日和 10 月 29 日 2 次形成堰塞湖，最大蓄水量分别为 6.0 亿 m^3、3.2 亿 m^3，最大溃决洪水流量为 32000m^3/s，造成雅鲁藏布江墨脱县德兴江段流量超历史。

2.4 干旱

2018 年全国水文干旱总体偏轻，区域性、阶段性特征明显。

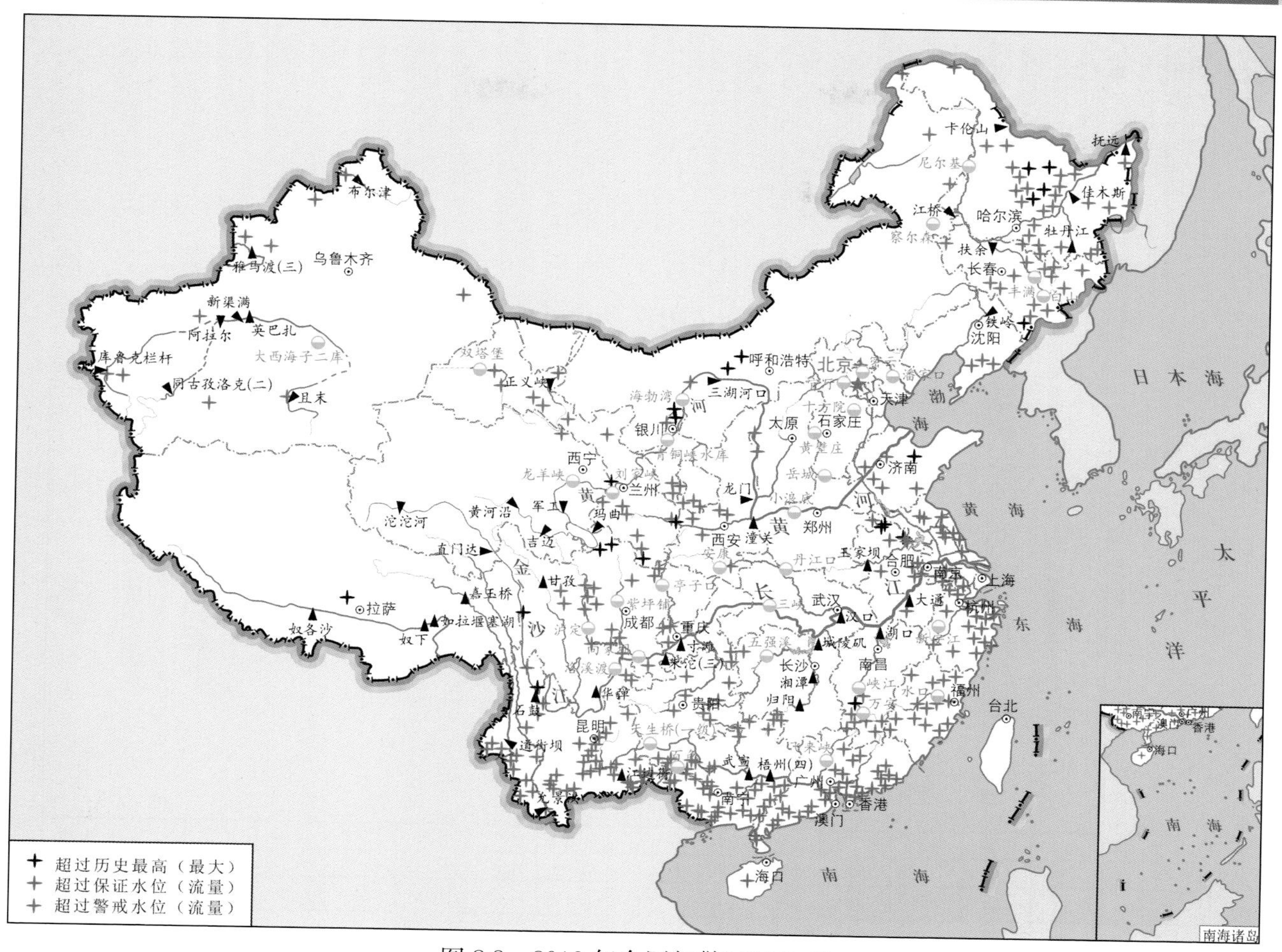

图 2.8　2018 年全国超警河流分布

2.4.1　东北大部及华北北部发生春旱

2018 年 1—5 月，河北东北部、内蒙古中西部和东部、东北部分地区降水量较常年同期偏少 2 ~ 6 成；5 月，华北和东北降水总体偏少，气温偏高，导致部分地区失墒严重，干旱快速发展。6 月初，东北大部及华北北部部分地区土壤缺墒严重，黑龙江、吉林、辽宁、内蒙古、河北等地一度有 105 个县（区）中度以上缺墒。

2.4.2　东北、华北和黄淮、长江上中游部分地区发生夏伏旱

2018 年 7—8 月，东北地区南部、华北和黄淮、长江上中游部分地区出现阶段性高温少雨天气，其中辽宁、湖北、湖南、重庆、贵州等省（直辖市）降水量偏少 1 ~ 4 成，伏旱露头或发展形成。7 月下旬至 8 月上旬，黄淮中西部、江淮西部、江南大部出现了持续 35℃以上高温天气，安徽大部、湖北南部、湖南北部、江西南部、贵州北部及重庆等地墒情下降较快， 8 月上旬夏伏旱高峰期，湖北、湖南、江西、贵州、四川及重庆北部共有 120 个县（区）土壤中度以上缺墒。

2.5 江河径流量 *

2.5.1 年径流量接近常年略偏少

2018 年，全国主要江河年径流量接近常年略偏少。长江上游偏多 1 成，黄河偏多 2 ~ 4 成，淮河接近常年略偏多；松花江偏少 1 成，辽河偏少 6 成，海河流域拒马河偏少 6 成多，长江中下游偏少近 1 成，西江偏少 1 成。2018 年全国主要江河年径流量距平见图 2.9。

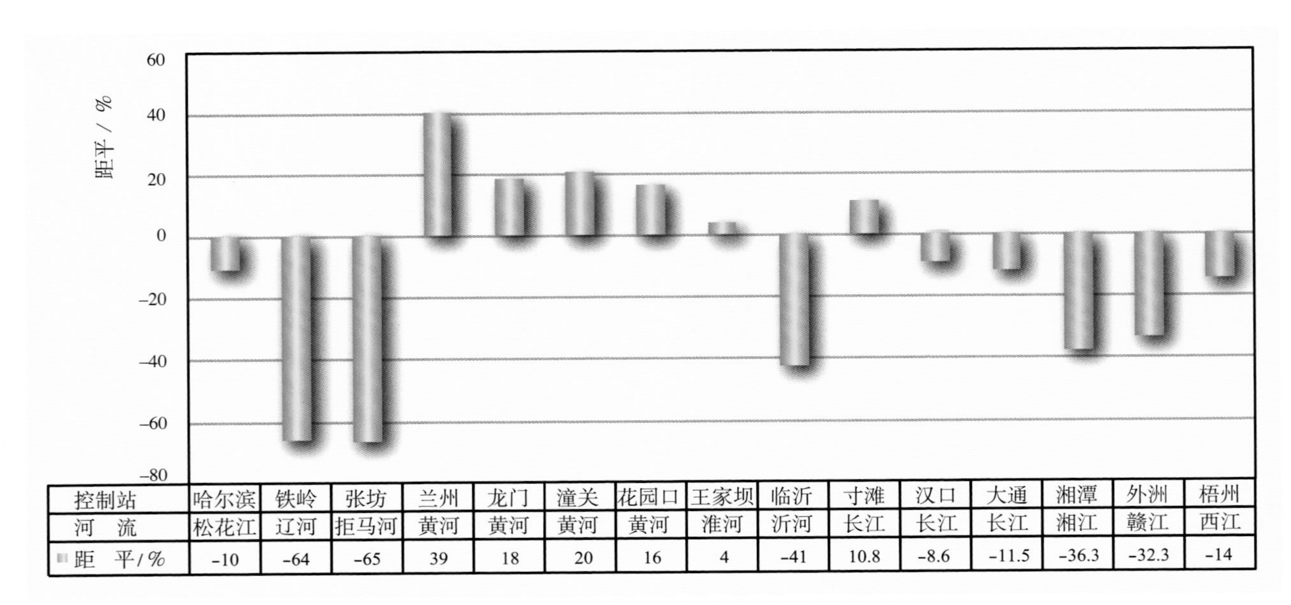

控制站	哈尔滨	铁岭	张坊	兰州	龙门	潼关	花园口	王家坝	临沂	寸滩	汉口	大通	湘潭	外洲	梧州
河　流	松花江	辽河	拒马河	黄河	黄河	黄河	黄河	淮河	沂河	长江	长江	长江	湘江	赣江	西江
距　平 / %	-10	-64	-65	39	18	20	16	4	-41	10.8	-8.6	-11.5	-36.3	-32.3	-14

图 2.9　2018 年全国主要江河年径流量距平图

2.5.2 汛前径流量总体偏多

2018 年汛前，黄河上游和下游、淮河、长江、西江径流量均较常年同期明显偏多。黄河上游和下游偏多 3 成，淮河偏多近 9 成，长江偏多 1 ~ 4 成，西江偏多 4 成，见图 2.10。

2.5.3 汛期径流量大部偏少

2018 年汛期，仅黄河、长江上游径流量较常年同期偏多，其他主要江河均偏少，其中长江中下游偏少 1 ~ 2 成，淮河偏少近 1 成，松花江偏少 1 成多，辽河偏少 7 成多，海河拒马河偏少 5 成多，西江偏少近 3 成，见图 2.11。

2.5.4 汛后径流量接近常年

2018 年汛后，松花江、黄河上中游、西江径流量较常年同期偏多 1 ~ 5 成，长江中下游、黄河下游、淮河、辽河、海河拒马河偏少 1 ~ 7 成，见图 2.12。

---

* 松花江、辽河、海河、黄河流域径流量统计时段划分：汛前（1—5 月）、汛期（6—9 月）、汛后（10—12 月）；淮河、长江、珠江及钱塘江、闽江流域径流量统计时段划分：汛前（1—4 月）、汛期（5—9 月）、汛后（10—12 月）。

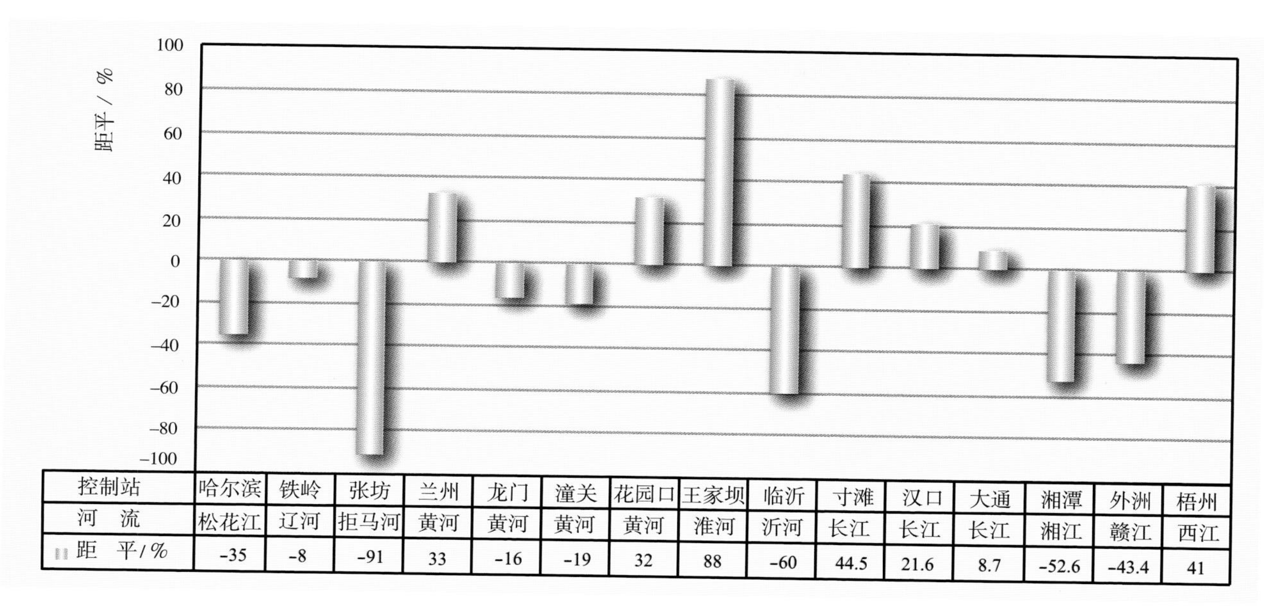

控制站	哈尔滨	铁岭	张坊	兰州	龙门	潼关	花园口	王家坝	临沂	寸滩	汉口	大通	湘潭	外洲	梧州
河　流	松花江	辽河	拒马河	黄河	黄河	黄河	黄河	淮河	沂河	长江	长江	长江	湘江	赣江	西江
距　平/%	-35	-8	-91	33	-16	-19	32	88	-60	44.5	21.6	8.7	-52.6	-43.4	41

图 2.10　2018 年全国主要江河汛前径流量距平图

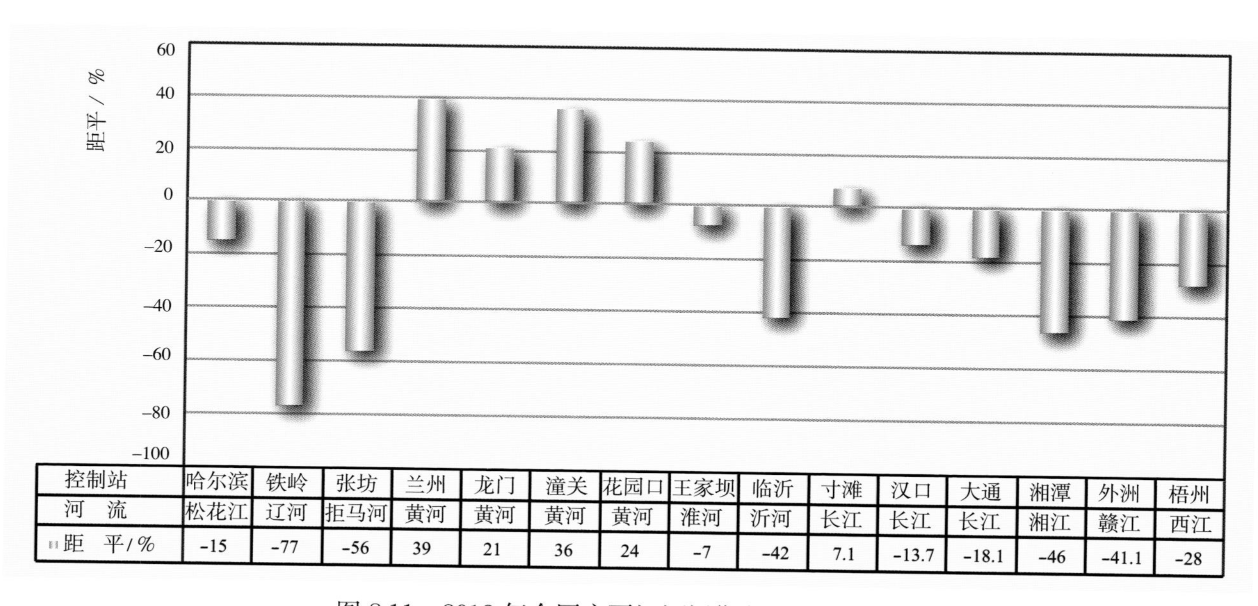

控制站	哈尔滨	铁岭	张坊	兰州	龙门	潼关	花园口	王家坝	临沂	寸滩	汉口	大通	湘潭	外洲	梧州
河　流	松花江	辽河	拒马河	黄河	黄河	黄河	黄河	淮河	沂河	长江	长江	长江	湘江	赣江	西江
距　平/%	-15	-77	-56	39	21	36	24	-7	-42	7.1	-13.7	-18.1	-46	-41.1	-28

图 2.11　2018 年全国主要江河汛期径流量距平图

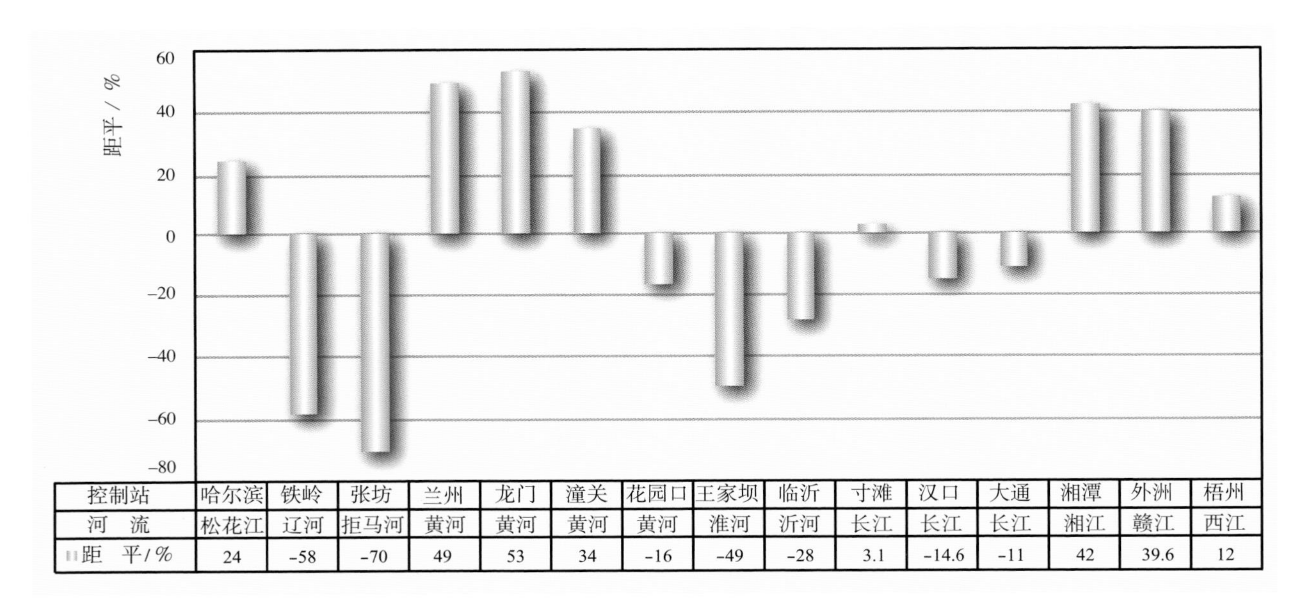

图 2.12　2018 年全国主要江河汛后径流量距平图

2.6　水库蓄水

2.6.1　汛初全国水库蓄水总量较常年偏多 1 成

据全国 4693 座水库蓄水情况统计，2018 年汛初（6 月 1 日）蓄水总量 3421.4 亿 m^3，较常年同期、2017 年同期分别偏多 14%、2%，较 2018 年年初（1 月 1 日）偏少 20%。其中，627 座大型水库蓄水量 3119.5 亿 m^3，较常年同期、2017 年同期分别偏多 14%、2%，较 2018 年年初偏少 21%；2310 座中型水库蓄水量 284.3 亿 m^3，较常年同期偏多 3%，与 2017 年同期基本持平，较 2018 年年初偏少 8%。详见表 2.2。

表 2.2　2018 年汛初全国水库蓄水统计表

序号	省（自治区、直辖市）	统计座数	蓄水量 / 亿 m^3	与常年同期比较 / %	与 2017 年同期比较 / %	与 2018 年年初比较 / %
1	北京	18	29.2	49	21	5
2	天津	7	2.4	-36	-30	-54
3	河北	89	60.1	55	2	-18
4	山西	56	15.5	25	13	-5
5	内蒙古	7	36.2	-25	21	-29
6	辽宁	241	70.8	-3	-9	-15
7	吉林	124	139.3	7	-14	8
8	黑龙江	18	8.1	-27	-30	-19

续表

序号	省（自治区、直辖市）	统计座数	蓄水量 / 亿 m^3	与常年同期比较 / %	与 2017 年同期比较 / %	与 2018 年年初比较 / %
9	上海	2	2.5	1	4	–31
10	江苏	133	17.5	22	–1	–6
11	浙江	682	241.2	7	4	8
12	安徽	332	110.2	62	17	7
13	福建	142	64.6	–27	–11	–17
14	江西	598	95.9	9	1	–8
15	山东	179	33.4	29	16	–16
16	河南	136	92.1	5	7	–36
17	湖北	284	643.5	46	13	–26
18	湖南	195	184.5	–5	5	–11
19	广东	459	142.3	–14	–20	–22
20	广西	191	213.1	–4	–5	–32
21	海南	81	37.8	25	–22	–35
22	重庆	92	33.2	18	38	–1
23	四川	214	228.5	–7	–8	–37
24	贵州	96	174.8	–1	0	–37
25	云南	189	432.0	12	0	–16
26	西藏	2	6.9	0	1	–10
27	陕西	54	33.0	16	9	–25
28	甘肃	48	45.0	20	–4	–4
29	青海	7	224.0	67	23	–9
30	宁夏	2	0.5	–25	0	–1
31	新疆	15	3.1	9	–21	–30
	合计	4693	3421.4	14	2	–20

注 表中统计数据未包括香港特别行政区、澳门特别行政区和台湾省资料。

2.6.2 汛末全国水库蓄水总量较常年偏多 1 成

据全国 4693 座水库蓄水情况统计，2018 年汛末（10 月 1 日）蓄水总量 4364.0 亿 m^3，较常年同期、2018 年汛初分别偏多 14%、28%，与 2017 年同期基本持平。其中，627 座大型水库蓄水量 4005.9 亿 m^3，较常年同期、2018 年汛初分别偏多 14%、28%，与 2017 年同期基本持平；2310 座中型水库蓄水量 341.3 亿 m^3，较常年同期、2017 年同期、2018 年汛初分别偏多 10%、2%、20%。详见表 2.3。

表 2.3　2018 年汛末全国水库蓄水统计表

序号	省（自治区、直辖市）	统计座数	蓄水量 / 亿 m^3	与常年同期比较 / %	与 2017 年同期比较 / %	与 2018 年汛初比较 / %
1	北京	18	33.5	45	27	15
2	天津	7	6.0	40	5	153
3	河北	89	69.2	43	3	15
4	山西	56	13.8	6	–6	–11
5	内蒙古	7	70.1	30	40	93
6	辽宁	241	89.9	5	9	27
7	吉林	124	183.0	4	30	31
8	黑龙江	18	16.8	44	37	107
9	上海	2	2.4	1	2	–5
10	江苏	133	19.3	24	–4	10
11	浙江	682	250.5	9	5	4
12	安徽	332	99.6	39	–2	–10
13	福建	142	99.1	–3	17	53
14	江西	598	108.5	17	–7	13
15	山东	179	51.1	33	20	53
16	河南	136	89.3	–6	–18	–3
17	湖北	284	717.6	24	–11	12
18	湖南	195	222.3	2	–4	20
19	广东	459	194.9	1	–7	37
20	广西	191	337.1	12	–7	58
21	海南	81	61.0	42	31	61
22	重庆	92	33.2	6	–5	0
23	四川	214	396.1	4	–1	73
24	贵州	96	290.0	14	–6	66
25	云南	189	535.8	5	0	24
26	西藏	2	7.9	4	–1	15
27	陕西	54	33.6	–7	–17	2
28	甘肃	48	53.8	–5	–1	20
29	青海	7	273.1	55	27	22
30	宁夏	2	0.5	–30	–3	–1
31	新疆	15	4.7	2	3	52
合计		4693	4364.0	14	0	28

注　表中统计数据未包括香港特别行政区、澳门特别行政区和台湾省资料。

2.6.3 年末全国水库蓄水总量较常年偏多 1 成

据全国 4693 座水库蓄水情况统计，2018 年年末（2019 年 1 月 1 日）蓄水总量 4264.6 亿 m^3，较常年同期偏多 15%，与 2017 年同期基本持平，较 2018 年汛末偏少 2%。其中，627 座大型水库蓄水量 3930.1 亿 m^3，较常年同期偏多 16%，与 2017 年同期基本持平，较 2018 年汛末偏少 2%；2310 座中型水库蓄水量 317.9 亿 m^3，较常年同期、2017 年同期分别偏多 12%、2%，较 2018 年汛末偏少 7%。详见表 2.4。

表 2.4　2018 年年末全国水库蓄水统计表

序号	省（自治区、直辖市）	统计座数	蓄水量 / 亿 m^3	与常年同期比较 / %	与 2017 年同期比较 / %	与 2018 年汛末比较 / %
1	北京	18	34.3	49	23	2
2	天津	7	5.5	13	5	–10
3	河北	89	71.6	46	–2	4
4	山西	56	15.4	6	–6	11
5	内蒙古	7	64.1	16	26	–9
6	辽宁	241	90.6	2	9	1
7	吉林	124	161.0	10	25	–12
8	黑龙江	18	16.3	49	62	–3
9	上海	2	3.2	9	–12	35
10	江苏	133	17.4	10	–6	–10
11	浙江	682	245.2	22	10	–2
12	安徽	332	104.0	61	1	4
13	福建	142	85.9	–3	10	–13
14	江西	598	103.7	37	–1	–4
15	山东	179	46.9	31	18	–8
16	河南	136	125.6	23	–12	41
17	湖北	284	746.4	14	–14	4
18	湖南	195	214.0	7	3	–4
19	广东	459	160.8	–5	–12	–18
20	广西	191	306.3	11	–2	–9
21	海南	81	58.6	18	0	–4
22	重庆	92	30.0	–12	–11	–10
23	四川	214	382.3	3	5	–3
24	贵州	96	275.1	20	0	–5
25	云南	189	528.1	10	3	–1

续表

序号	省（自治区、直辖市）	统计座数	蓄水量 / 亿 m^3	与常年同期比较 / %	与 2017 年同期比较 / %	与 2018 年汛末比较 / %
26	西藏	2	7.7	3	1	–3
27	陕西	54	38.1	5	–14	13
28	甘肃	48	48.5	–6	3	–10
29	青海	7	273.7	68	12	0
30	宁夏	2	0.5	–18	2	5
31	新疆	15	3.8	–15	–15	–20
合计		4693	4264.6	15	0	–2

注 表中统计数据未包括香港特别行政区、澳门特别行政区和台湾省资料。

2.7 冰情

2.7.1 春季开河日期偏早

黄河 3 月 18 日全线平稳开河，开河日期较常年（3 月 26 日）偏早 8 天，见图 2.13；黑龙江省境内主要江河 4 月 27 日全线开通，开江日期较常年总体偏早，其中黑龙江干流偏早 2 ~ 6 天，嫩江干流（除石灰窑江段偏晚 1 天）偏早 1 ~ 11 天，松花江干流偏早 3 ~ 9 天。

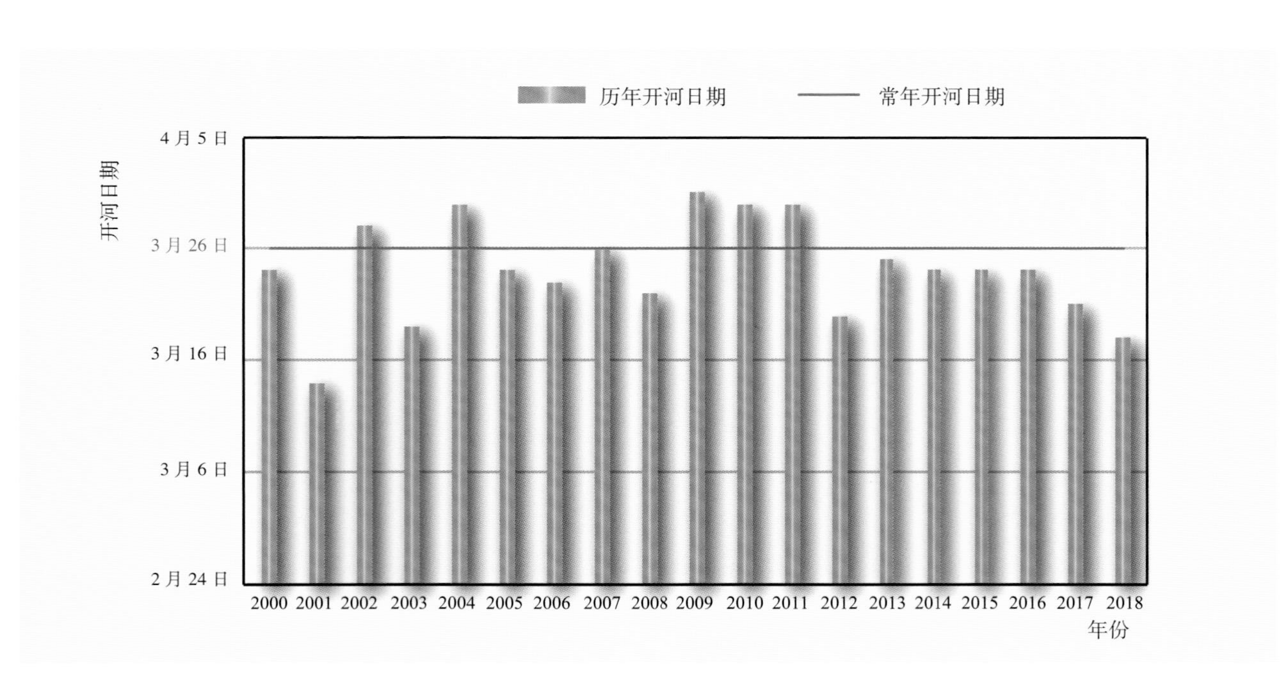

图 2.13　2000 年以来黄河宁蒙河段历年开河日期柱状图

2.7.2 冬季首封日期偏晚

黄河上游内蒙古河段三湖河口水文断面上游 1km 处和下游 1km 处 12 月 7 日出现首封，首封日期较常年（12 月 3 日）偏晚 4 天，见图 2.14。黑龙江省境内主要江河 12 月 9 日全部封冻，封江日期较常年明显偏晚，其中，黑龙江干流偏晚 4 ~ 15 天；嫩江干流偏晚 3 ~ 22 天；松花江干流（除哈尔滨段较常年偏早 2 天）偏晚 3 ~ 13 天。

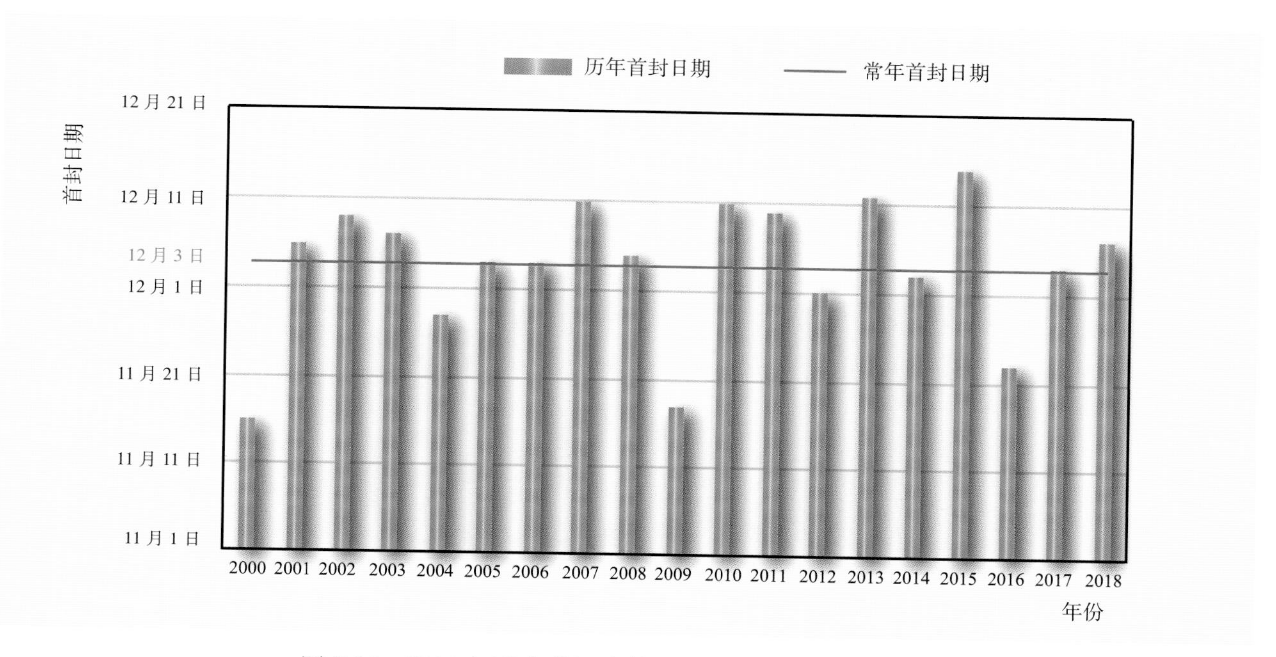

图 2.14　2000 年以来黄河宁蒙河段历年首封日期柱状图

第 3 章 主要雨水情过程

3.1 汛前

4 月 11—14 日中东部大部出现强降水，我国 4 月 14 日进入汛期

受冷暖空气共同影响，中东部大部出现强降水过程，以中到大雨为主，江南北部部分地区降了暴雨到大暴雨。累积降水量大于 100mm、50mm 的笼罩面积分别为 3.1 万 km^2、26.5 万 km^2；累积最大点降水量广东清远 307mm、江西宜春楼里 296mm，见图 3.1。

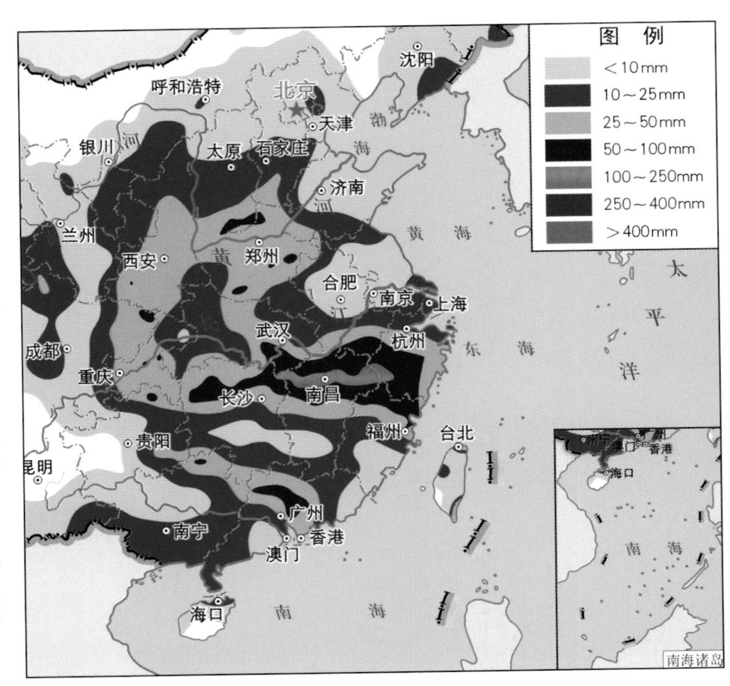

图 3.1 2018 年 4 月 11—14 日降水分布

依据《我国入汛日期确定办法（试行）》（国汛〔2014〕2 号）第六条规定，满足“连续 3 日累积雨量 50mm 以上雨区的覆盖面积达到 15 万 km^2”，因此，2018 年我国入汛日期确定为 4 月 14 日，较多年平均入汛日期（4 月 1 日）晚 13 天。

3.2 汛期

3.2.1 5 月中下旬江南、西南等地出现 3 次强降水过程，江苏、浙江、广西、云南等地部分河流发生超警以上洪水

5 月 18—20 日，黄淮西部、江淮西部、江南北部东部出现一次强降水过程，累积降水量大于 100mm、50mm 的暴雨笼罩面积分别为 0.6 万 km^2、19.6 万 km^2；累积最大点降水量湖北荆州新滩口 234mm。

5 月 24—26 日，黄淮南部、江淮、江南北部、西南东部出现一次强降水过程，累积降水量大于 100mm、50mm 的暴雨笼罩面积分别为 1.5 万 km^2、20.4 万 km^2；累积最大点降水量湖南湘西吊井 230mm。

5月29—31日，江南北部、华南北部、西南南部出现一次强降水过程，累积降水量大于100mm、50mm的暴雨笼罩面积分别为1.4万km^2、35.4万km^2；累积最大点降水量云南大理洗马潭328mm。

受强降雨影响，江苏滁河以及浙江、广西、云南、四川、重庆等13条中小河流发生超警以上洪水，其中四川大渡河支流峨眉河发生超保洪水。

3.2.2 台风“艾云尼”给华南东部南部、江南南部带来强降水，海南、广东、福建、江西等地部分河流发生超警以上洪水

6月4—10日，受第4号台风“艾云尼”影响，华南东部南部、江南南部出现强降水过程，其中海南、广东部分地区降了大暴雨，累积降水量大于400mm、250mm的暴雨笼罩面积分别为1.0万km^2、7.3万km^2；累积最大点降水量广东江门螺塘水库852mm，海南文昌东坡533mm，见图3.2（a）。

海南南渡江上游、广东北江上中游、福建汀江、江西赣江中游等45条河流发生超警以上洪水，其中江西赣江中游支流蜀水发生超历史洪水，见图3.2（b）。

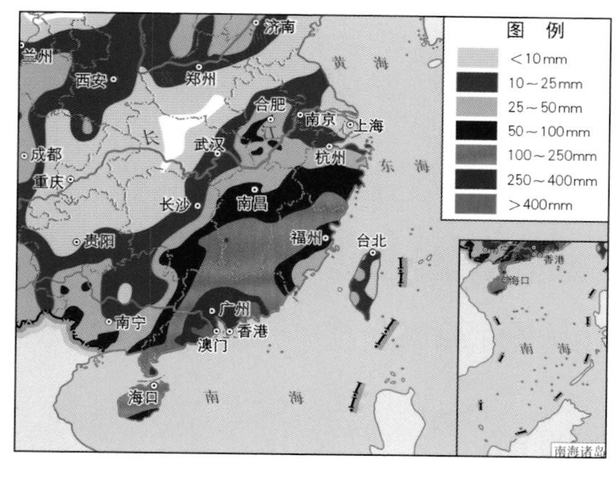

（a）降水分布

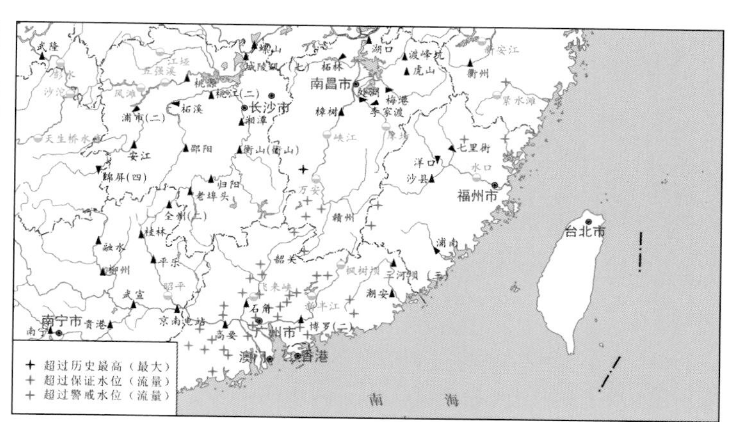

（b）超警河流分布

图3.2 2018年6月4—10日降水、超警河流分布

3.2.3 6月25日至7月14日西南东北部、西北东部接连出现强降水，长江、黄河相继发生3次编号洪水，长江上游发生区域性较大洪水

6月25日至7月1日，西南东部、黄淮东部、江淮东部、江南北部出现一次强降水过程，累积降水量大于100mm、50mm的暴雨笼罩面积分别为22.8万km^2、90.7万km^2；累积最大点降水量四川雅安龙头石620mm，陕西汉中广坪411mm。

7月2—6日，西南东部、西北东南部、黄淮南部、江淮、江南大部、华南北部出现一次强降雨过程，累积降水量大于100mm、50mm的暴雨笼罩面积分别为27.7万km^2、113.1万km^2；累积最大点降水量重庆彭水长滩392mm。

7 月 10—14 日，受东移冷空气和副高西北侧暖湿气流共同影响，西北东部、西南中部北部、华北、黄淮北部、东北等地出现了一次强降水过程，累积降水量大于 250mm、100mm、50mm 的暴雨笼罩面积分别为 0.4 万 km^2、7.6 万 km^2、62.5 万 km^2；累积最大点降水量四川绵阳大康 503mm，陕西汉中田家坝 382mm。

受强降雨影响，四川、重庆、广西、云南、江西、陕西、甘肃等 11 省（自治区、直辖市）有 96 条河流发生超警以上洪水，其中 27 条河流超保，5 条河流超历史，见图 3.3。

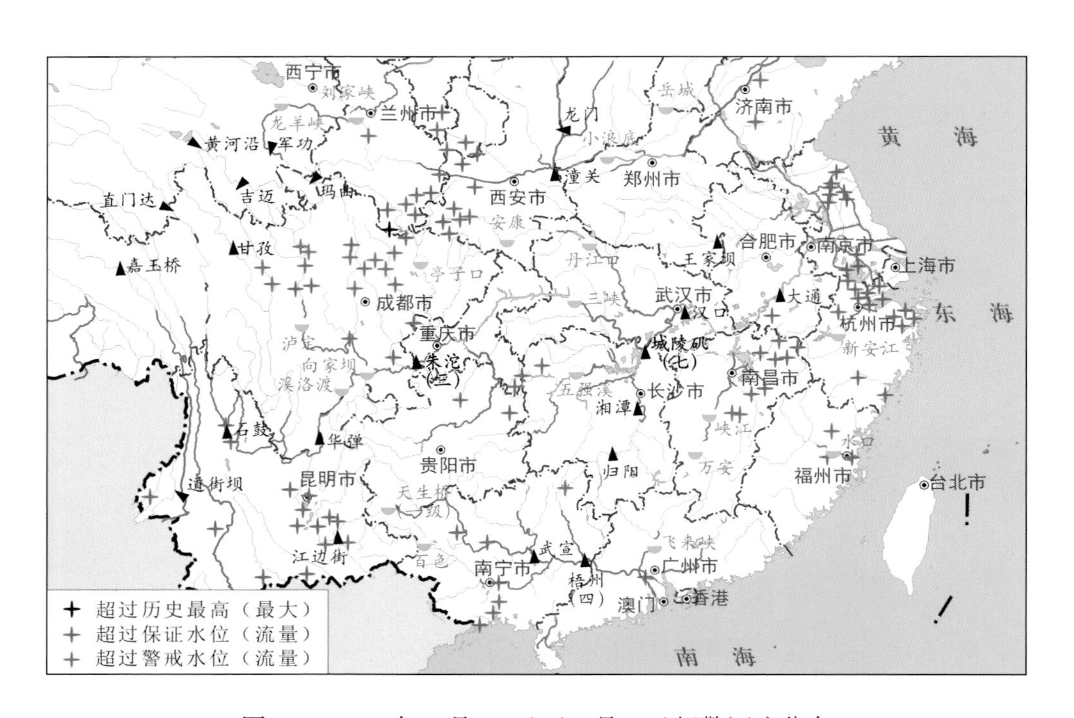

图 3.3 2018 年 6 月 25 日至 7 月 5 日超警河流分布

长江上游干流三峡水库 7 月 5 日入库流量达到 50000m^3/s，为长江 2018 年第 1 号洪水；7 月 13 日长江出现 2018 年第 2 号洪水，长江上游发生区域性较大洪水，上游干流寸滩江段超保，嘉陵江上游、涪江上游、沱江上游发生特大洪水，大渡河上中游发生大洪水。

受黄河源区干支流来水影响，黄河上游干流唐乃亥水文站 7 月 8 日流量涨至 2500 m^3/s，为黄河 2018 年第 1 号洪水。

3.2.4 7 月 15—17 日华北部分地区出现强降水，海河北系白河发生了 1998 年以来最大洪水

7 月 15—17 日，受冷暖空气共同影响，华北大部、西北东部等地降了中到大雨，其中北京北部、河北东北部等地降了暴雨到大暴雨；累积最大点降水量北京密云张家坟 388mm，河北保定易黄 238mm，见图 3.4。

受强降雨影响，海河北系白河、北运河、滦河、蓟运河出现洪水过程，其中白河发生超警洪水，为 1998 年以来最大洪水。

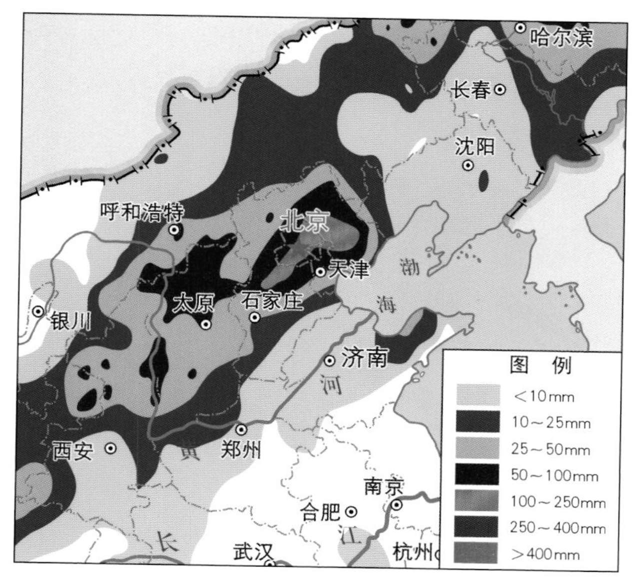

图 3.4　2018 年 7 月 15—17 日降水分布

3.2.5　台风“安比”北上结合冷空气给江淮东部、黄淮东部、华北东部、东北中部等地带来强降水，松辽流域 4 条河流发生超历史洪水，海河流域潮河发生 1998 年以来最大洪水

7 月 21—25 日，受“安比”与冷空气共同影响，江淮东部、黄淮东部、华北东部、东北中部等地先后降了大到暴雨，累积降水量大于 100mm、50mm 的暴雨笼罩面积分别为 9.5 万 km^2、49.4 万 km^2；累积最大点降水量黑龙江绥化卫东林场 285mm，天津西郊区 264mm，见图 3.5（a）。

受强降雨影响，松辽流域呼兰河、汤旺河、鸭蛋河、蛟流河等 17 条河流发生超警以上洪水，其中黑龙江省呼兰河、汤旺河等 8 条河流发生超保洪水，呼兰河上游干流及其支流依吉密河、扎音河，汤旺河上游支流伊春河等 4 条河流发生超历史洪水，见图 3.5（b）。海河流域潮河发生 1998 年以来最大洪水。

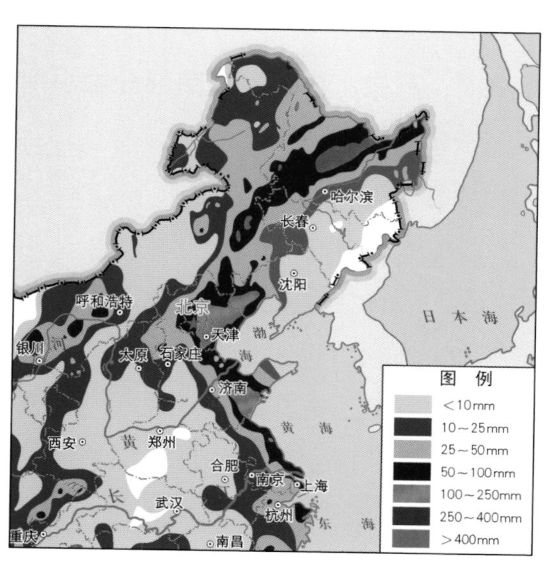

（a）降水分布

哈尔滨市
长春市
沈阳市
超过历史最高（最大）
超过保证水位（流量）
超过警戒水位（流量）

（b）超警河流分布

图 3.5　2018 年 7 月 21—25 日降水、超警河流分布

3.2.6　北部湾热带低压给华南部分地区带来强降水，广西、云南部分中小河流超警

7 月 21—26 日，受北部湾热带低压影响，海南、广东西部、广西南部、云南南部等地降了暴雨，局部降大暴雨，累积降水量大于 250mm、100mm、50mm 的暴雨笼罩面积分别为 0.4

万 km²、12.0 万 km²、48.3 万 km²；累积最大点降水量海南乐东七林场 604mm。详见图 3.6。

受强降雨影响，广西郁江支流青龙江、南部沿海那蒙江，云南澜沧江支流思茅河、怒江支流南马河、南汀河支流南捧河等 12 条中小河流发生超警洪水。

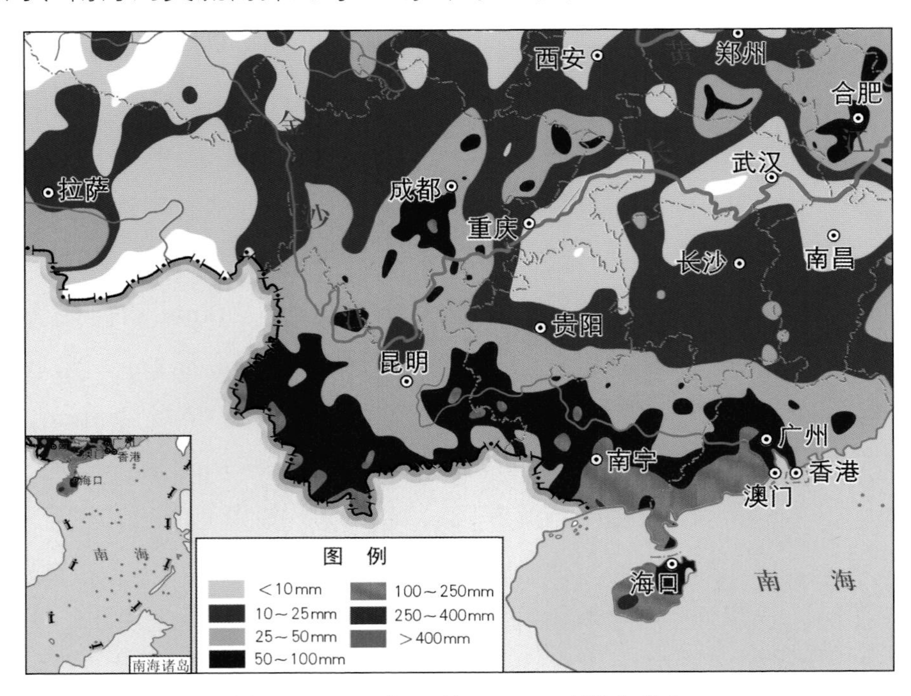

图 3.6　2018 年 7 月 21—26 日降水分布

3.2.7　台风“贝碧嘉”给海南、广东带来持续强降水，海南、广东、广西、云南部分中小河流超警

8 月 9—17 日，受“贝碧嘉”影响，华南、西南南部等地出现了一次强降水过程，其中海南、广东大部、广西南部、云南西部等地降了暴雨到大暴雨；累积降水量大于 400mm、250mm、100mm 的暴雨笼罩面积分别为 0.7 万 km²、4.1 万 km²、13.0 万 km²；累积最大点降水量海南白沙南高岭 867mm，广东江门古兜山 664mm，见图 3.7（a）。

受强降雨影响，海南南渡江上游，广东漠阳江、罗定江、鉴江支流曹江，广西左江支流明江和派连河、沿海大直江，云南泸江支流稼依河等 26 条中小河流发生超警洪水；广东沿海有 11 个潮位站超警，见图 3.7（b）。

3.2.8　台风“摩羯”“温比亚”连续登陆北上，江淮、黄淮、华北、东北出现强降水，淮河流域沭河发生 2018 年第 1 号洪水

8 月 12—15 日，受台风“摩羯”与冷空气共同影响，江南东部、江淮东部、黄淮东部、华北东部、东北东部南部等地先后降了大到暴雨，累积降水量大于 100mm、50mm 的暴雨笼罩面积分别为 12.7 万 km²、49.9 万 km²；累积最大点降水量河北沧州盐山 349mm，辽宁丹东太平川 338mm，见图 3.8（a）。

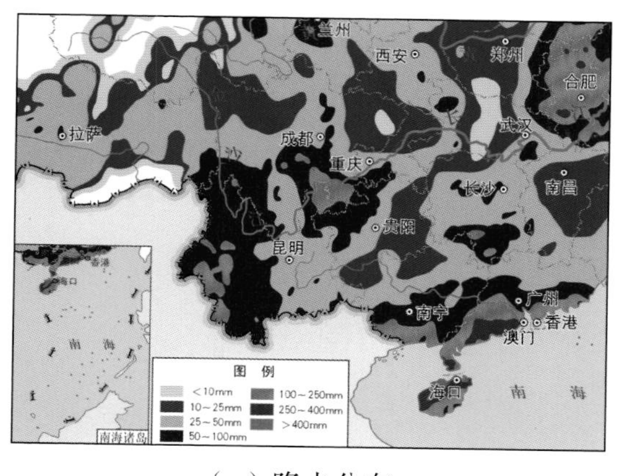

（a）降水分布

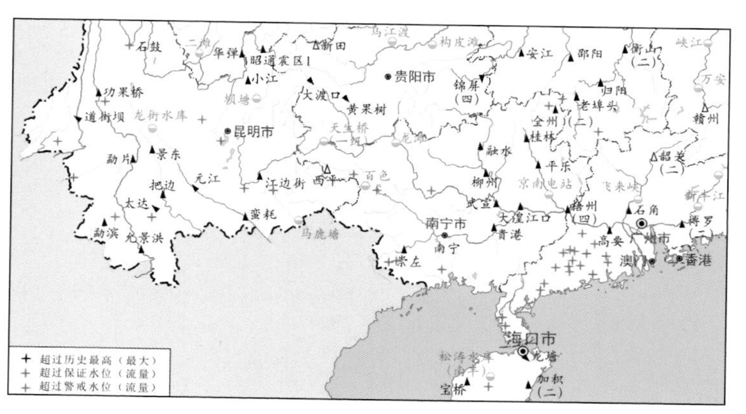

（b）超警河流分布

图 3.7　2018 年 8 月 9—17 日降水、超警河流分布

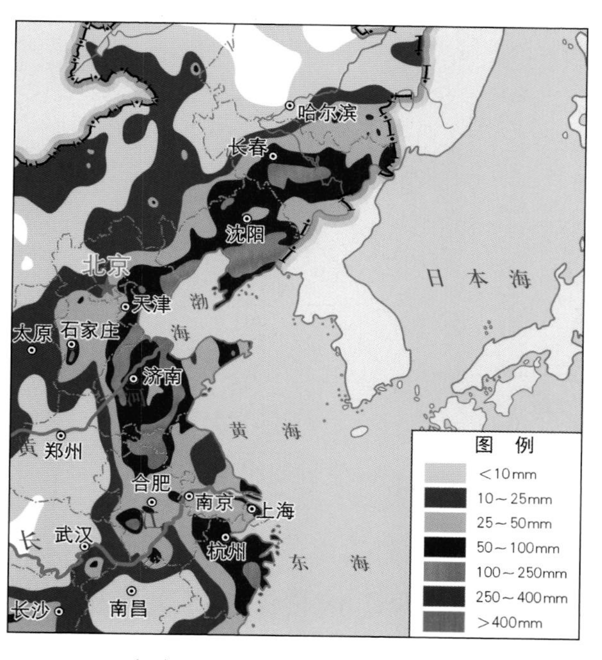

（a）8 月 12—15 日降水分布

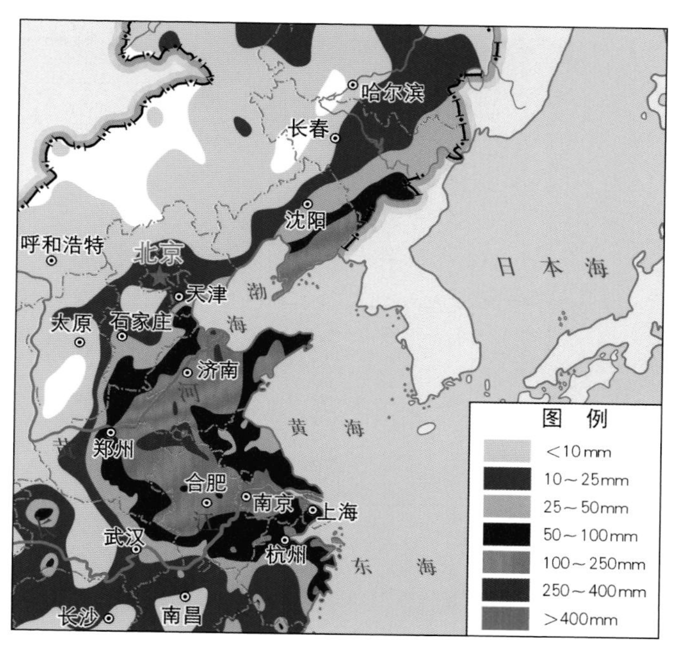

（b）8 月 16—20 日降水分布

图 3.8　2018 年 8 月 12—20 日两次降水过程分布

8 月 16—20 日，受台风“温比亚”和冷空气的共同影响，江南东北部、江淮、黄淮、华北东部、东北南部等地先后出现强降雨，累积降水量大于 250mm、100mm、50mm 的暴雨笼罩面积分别为 2.7 万 km^2、32.0 万 km^2、62.1 万 km^2；累积最大点降水量河南商丘火胡庄 494mm，山东东营义和 449mm，江苏徐州鹿楼 444mm，见图 3.8（b）。

受强降雨影响，浙江、江苏、安徽、山东、辽宁、吉林等 6 省有 32 条河流发生超警以上洪水，其中 7 条河流超保，4 条河流超历史；8 月 20 日淮河流域沭河发生 2018 年第 1 号洪水，重沟水文站洪峰流量 3130m^3/s，为 2010 年以来最大；太湖周边及杭嘉湖河网区共计有 36 站水位超警，其中 6 站超保；华东沿海有 23 个潮位站超警。2018 年 8 月 12—20 日超警河流分布见图 3.9。

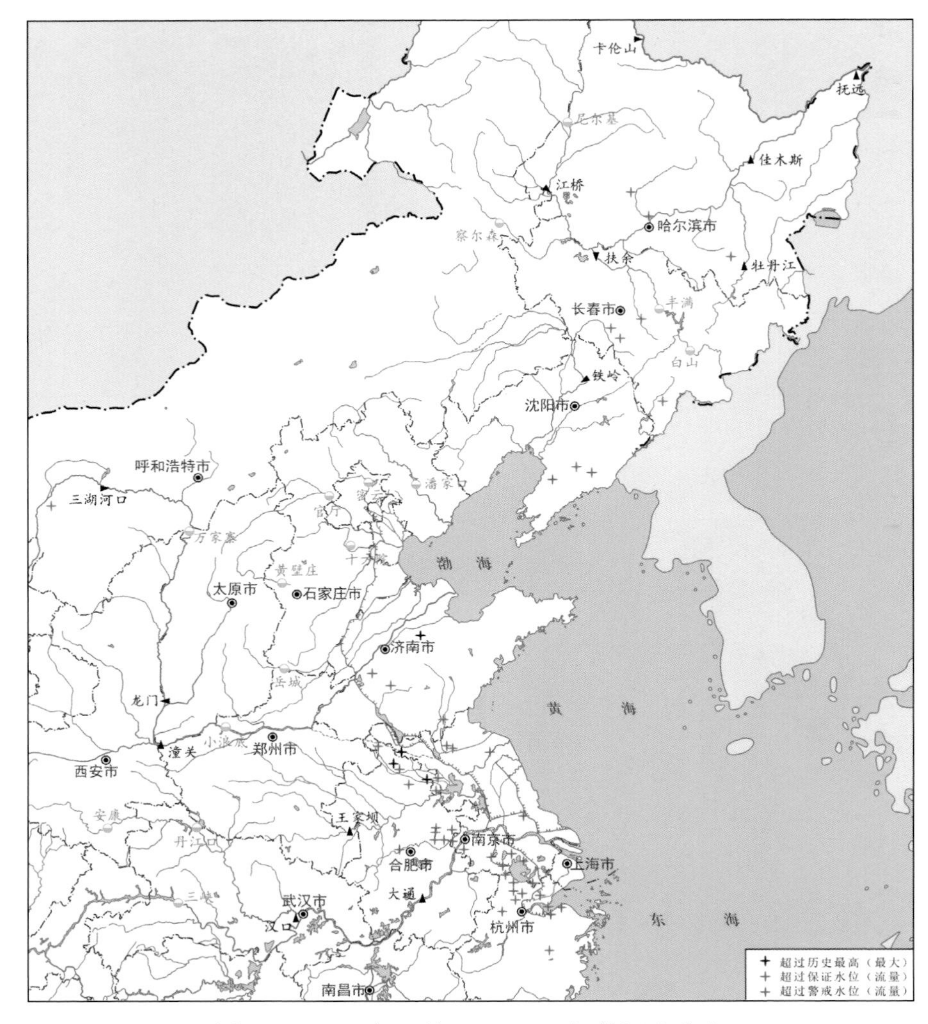

图 3.9　2018 年 8 月 12—20 日超警河流分布

3.2.9　台风“苏力”结合冷空气给东北东部带来强降水，第二松花江上游出现松花江 2018 年第 1 号洪水

8 月 23—25 日，受台风“苏力”和冷空气的共同影响，东北东部南部出现强降雨，累积降水量大于 100mm、50mm 的暴雨笼罩面积分别为 2.7 万 km^2、15.4 万 km^2；累积最大点降水量吉林白山东胜 226mm，见图 3.10。

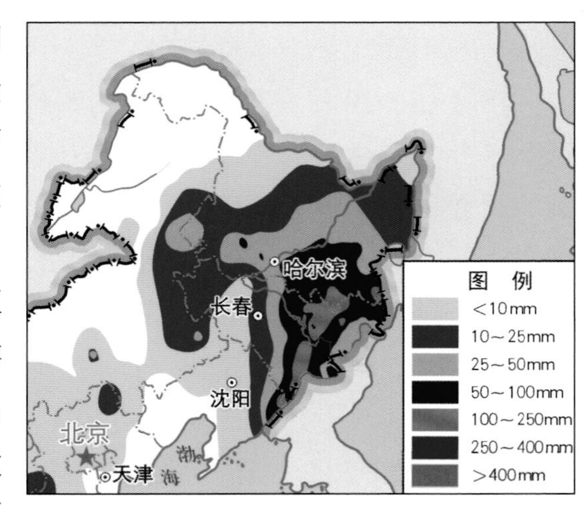

图 3.10　2018 年 8 月 23—25 日降水分布

受强降雨影响，吉林浑江干支流、第二松花江支流头道松花江、图们江支流嘎呀河、牡丹江上游干流，黑龙江省大绥芬河、拉林河支流大泥河、乌苏里江支流穆棱河，辽东半岛大洋河等 16 条河流发生超警以上洪水，其中浑江支流大罗圈河发生超历

史洪水；第二松花江上游干流出现松花江 2018 年第 1 号洪水，白山水库 24 日 17 时最大入库流量为 5120 m^3/s。

3.2.10 热带低压给江南、华南带来强降水，广东、江西、福建、浙江部分中小河流超警

8 月 24—31 日，受热带低压系统影响，江南中南部、华南部分地区出现强降雨，累积降水量大于 250mm、100mm、50mm 的暴雨笼罩面积为 5.2 万 km^2、33.9 万 km^2、77.8 万 km^2；累积最大点降水量广东惠州高潭镇 1396mm，福建宁德青岚水库 552mm，见图 3.11。

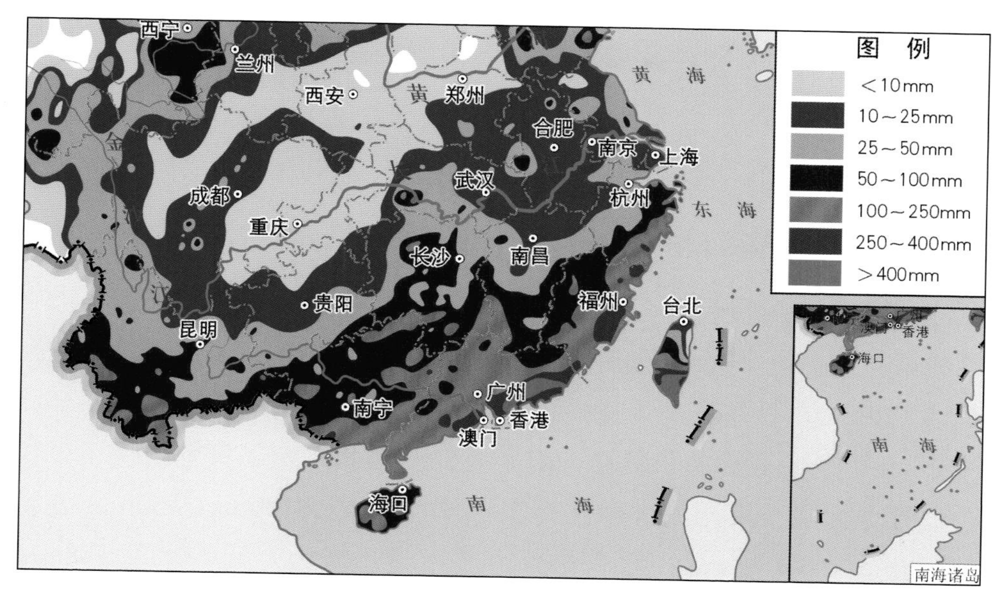

图 3.11 2018 年 8 月 24—31 日降水分布

受强降雨影响，广东东江支流淡水河、粤东沿海赤水河、韩江支流梅江、北江支流绥江、西江支流贺江，江西赣江上游支流濂水，福建闽江支流梅溪，浙江甬江部分支流、瓯江支流温瑞塘河等 32 条中小河流发生超警洪水。

3.2.11 台风“山竹”给华南、江南、江淮等地带来强降水，广东沿海部分潮位站超历史

9 月 15—18 日，受台风“山竹”影响，华南、西南东部南部、江南东部南部、江淮南部等地降了大到暴雨，其中广东中部西部、广西东部和西部、江苏南部、上海、浙江北部和沿海等地部分地区降了大暴雨，累积降水量大于 250mm、100mm、50mm 的暴雨笼罩面积分别为 0.2 万 km^2、18.2 万 km^2、60.1 万 km^2；累积最大点降水量广东茂名大田顶 508mm，广西防城港枯叫 419mm，见图 3.12（a）。

受强降雨影响，广东、广西、江苏、浙江、福建 5 省（自治区）89 条中小河流发生超警以上洪水，其中太湖周边及杭嘉湖区 9 站超保，广东漠阳江发生超 30 年一遇大洪水；广东沿海有 24 个潮位站超警，其中珠海白蕉、广州中大、东莞大盛、中山横门等 12 站超历史最高潮位，见图 3.12（b）。

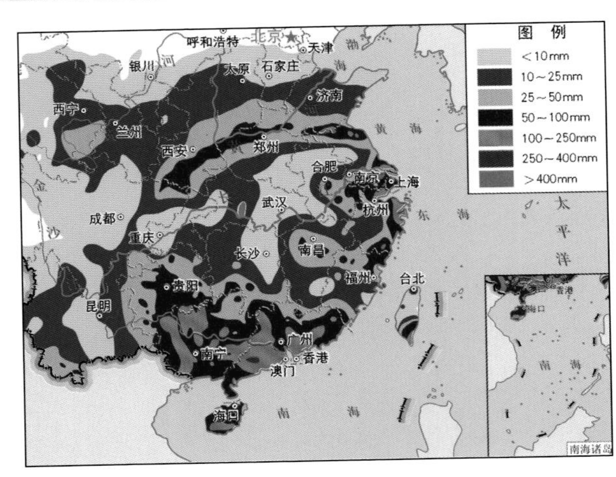

(a) 降水分布

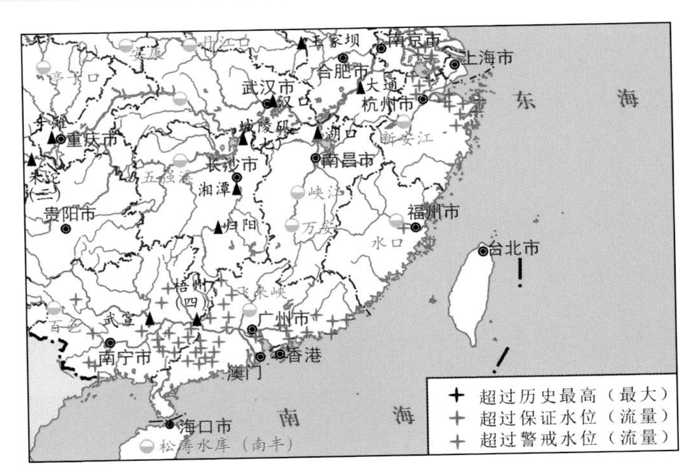

(b) 超警河流分布

图 3.12　2018 年 9 月 15—18 日降水、超警河流分布

3.2.12　8 月下旬至 9 月中旬西北东南部多次出现较强降水，黄河发生 2018 年第 3 号洪水

8 月 29 日至 9 月 1 日，受冷暖空气共同影响，西北东部、华北西部降了中到大雨，局部降暴雨，累积降水量大于 50mm 的暴雨笼罩面积分别为 13.1 万 km^2；累积最大点降水量陕西榆林石湾镇 172mm，甘肃临夏下拐角 165mm。

9 月 4—7 日，受冷暖空气共同影响，南方大部及西北东南部等地出现了一次移动性的强降水过程，部分地区降了暴雨到大暴雨；累积降水量大于 100mm、50mm 的暴雨笼罩面积分别为 0.3 万 km^2、16.9 万 km^2；累积最大点降水量重庆大足江明水库 388mm，四川广元鲤口 233mm。

9 月 17—20 日，受冷暖空气共同影响，西北东部、西南东部、黄淮、江南东部、华南西部等地出现一次强降水过程，累积降水量大于 100mm、50mm 的暴雨笼罩面积分别为 1.0 万 km^2、16.9 万 km^2；累积最大点降水量山东临沂重坊 279mm，江苏徐州四户 256mm。

受强降雨影响，黄河上游兰州段发生超警洪水，为黄河 2018 年第 3 号洪水；甘肃黄河上游支流洮河、大夏河，四川岷江支流府河，福建闽江支流梅溪，浙江瓯江支流温瑞塘河，云南金沙江支流前进河和果马河，广西北流河支流杨梅河，广东沿海漠阳江及支流云廉河、北江支流新招水等 20 条河流发生超警洪水；太湖湖区 9 站水位超警，见图 3.13。

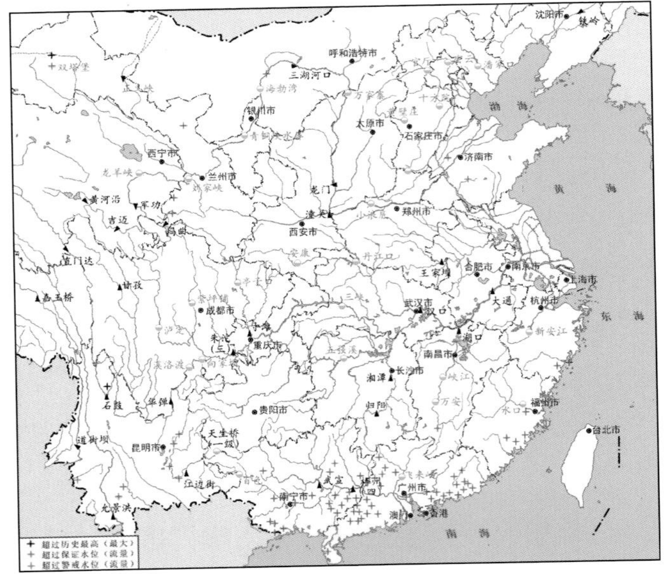

图 3.13　2018 年 8 月 29 日至 9 月 20 日超警河流分布

第 4 章　各流域（片）洪水分述

4.1　长江流域

2018年长江共发生2次编号洪水，流域内共有101条河流发生超警洪水，26条河流超保，5条河流超历史。其中，长江上游发生区域性较大洪水，干流重庆寸滩江段水位超保，嘉陵江上游、涪江上游、沱江上游发生特大洪水，大渡河上中游发生大洪水。长江2018年第2号洪水干支流重要站洪峰特征值见表4.1。10—11月，川藏交界金沙江上游接连形成两次堰塞湖，溃决洪水造成部分江段发生超历史洪水。

表 4.1　长江 2018 年第 2 号洪水干支流重要站洪峰特征值表

河流	站名	洪峰信息				特征值				
		水位 /m	流量 /(m^3/s)	峰现时间	重现期 / 年	警戒 / 汛限水位 /m	保证 / 正常高水位 /m	历史最高		
								水位 /m	流量 /(m^3/s)	出现年份
大渡河	丹　巴	2285.80	4640	7月11日17时55分	>10	2283.91	2284.46	2286.75	5100	1992
	泸　定	1313.09	5760	7月12日01时25分	20	1311.28	1312.07	1313.64	5800	1992
岷江	较场坝	2151.94	—	7月11日23时50分	—	2150.95	2151.45	2170.64	—	1986
	彭　山①	423.32	9190	7月11日21时15分	5	7790	10500	—	11600	1984
	高　场	284.29	16900	7月12日13时00分	—	285.00	288.00	290.12	34100	1961
沱江	三皇庙	447.75	7810	7月11日19时25分	50	443.30	445.10	—	8110	1981
	登瀛岩	334.68	9310	7月12日19时50分	>10	332.60	335.80	339.92	14000	1981
	富　顺	272.82	9510	7月13日13时00分	—	268.50	272.30	—	15200	1981
涪江	涪江桥	465.59	12200	7月11日10时00分	50	463.80	465.00	—	10400	1978
	射　洪①	333.52	21400	7月11日22时30分	>20	8000	13200	—	25700	1981
	小河坝	245.16	17700	7月12日14时20分	>10	238.00	240.00	—	28700	1981
嘉陵江	尚　德	829.80	2300	7月11日04时36分	>200	828.35	829.00	828.00	471	2009
	亭子口②	—	25100	7月11日17时00分	50	447.00	458.00	—	—	—
	武　胜	225.85	17700	7月13日19时00分	5	224.50	227.00	232.06	28900	1981
	东津沱	211.09	—	7月13日16时00分	—	206.50	208.50	—	—	—
	北　碚	197.41	29700	7月13日19时20分	—	194.50	199.00	208.17	44800	1981
长江干流	朱　沱	208.85	29800	7月13日16时50分	—	211.00	212.00	216.31	53400	1966
	寸　滩	184.05	59300	7月14日06时10分	—	180.50	183.50	—	85700	1981
	三　峡②	—	60000	7月14日10时00分	—	145.00	175.00	—	—	—

①　这两站特征值对应警戒流量、保证流量，单位为 m^3/s。
②　这两站指水库站，特征值对应汛限水位、正常高水位。

4.1.1 受上游干支流及三峡区间来水影响，长江出现 2018 年第 1 号洪水

长江上游干流寸滩水文站（重庆江北）7 月 5 日 2 时 30 分洪峰流量为 46800m³/s；干流三峡水库（湖北秭归）7 月 5 日 6 时入库流量达 50000m³/s，为长江 2018 年第 1 号洪水，5 日 14 时入库洪峰流量为 53000m³/s，其水位–流量过程线见图 4.1。

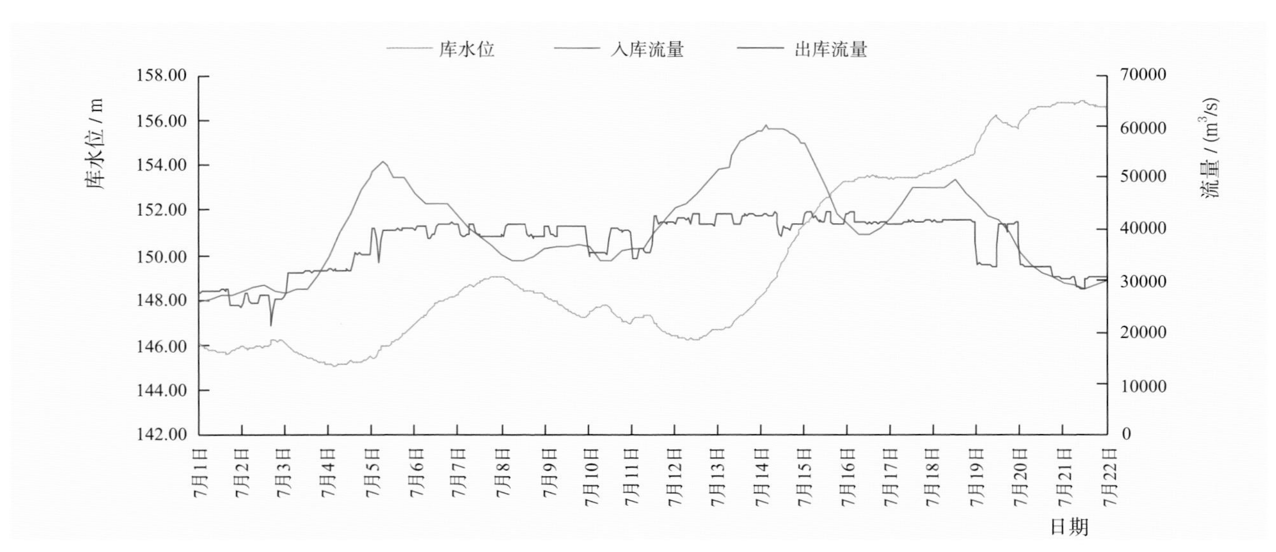

图 4.1 长江 2018 年第 1 号洪水上游干流三峡水库水位 – 流量过程线

4.1.2 长江出现 2018 年第 2 号洪水，上游发生区域性较大洪水，嘉陵江上游、涪江上游、沱江上游发生特大洪水，大渡河上中游发生大洪水

长江上游干流寸滩水文站 7 月 13 日 4 时流量涨至 50400m³/s，为长江 2018 年第 2 号洪水，14 日 6 时 10 分洪峰水位为 184.05m，超过保证水位（183.50m）0.55m，相应流量为 59300m³/s，其水位–流量过程线见图 4.2；干流三峡水库 7 月 14 日 10 时最大入库流量 60000m³/s。

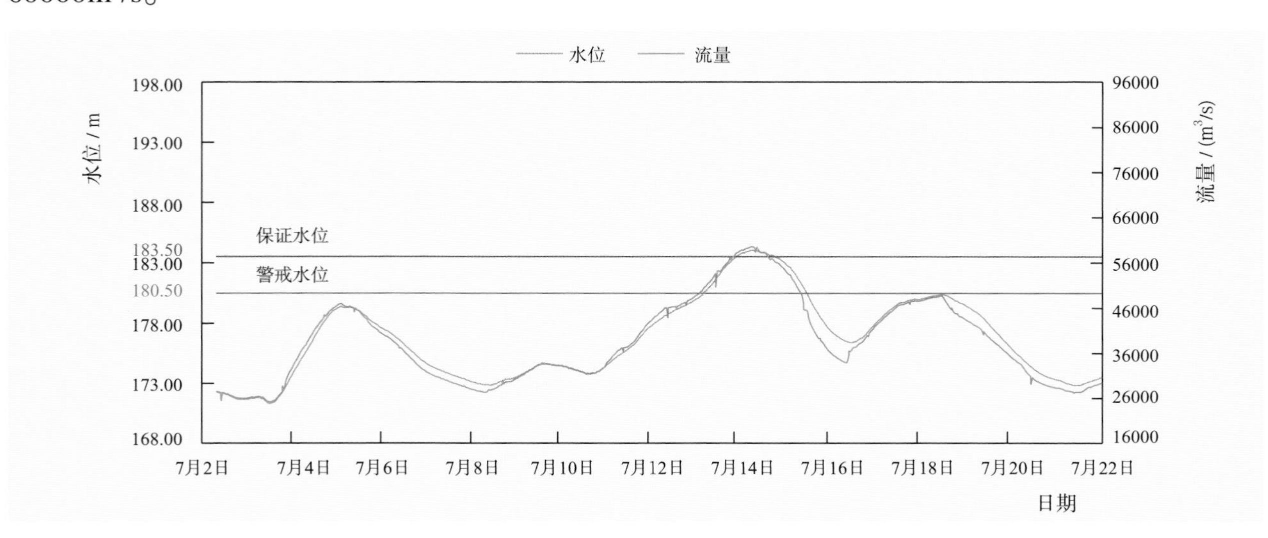

图 4.2 长江 2018 年第 2 号洪水上游干流寸滩水文站水位 – 流量过程线

嘉陵江上游支流白水江尚德水文站（甘肃文县）7 月 11 日 4 时 36 分洪峰水位为 829.80m，超过保证水位（829.00m）0.80m，相应流量为 2300m^3/s，水位、流量均列 2007 年有实测资料以来第 1 位（历史最高水位为 828.00m，最大流量为 471m^3/s，2009 年 7 月），重现期超过 100 年；上游干流亭子口水库（四川苍溪）7 月 11 日 17 时最大入库流量为 25100m^3/s，重现期为 50 年，其水位–流量过程线见图 4.3；下游干流武胜水文站（四川武胜）7 月 13 日 19 时洪峰水位为 225.85m，超过警戒水位（224.50m）1.35m，相应流量为 17700m^3/s，重现期为 5 年；下游干流控制站北碚水文站（重庆北碚）7 月 13 日 19 时 20 分洪峰水位为 197.41m，超过警戒水位（194.50m）2.91m，相应流量为 29700m^3/s。

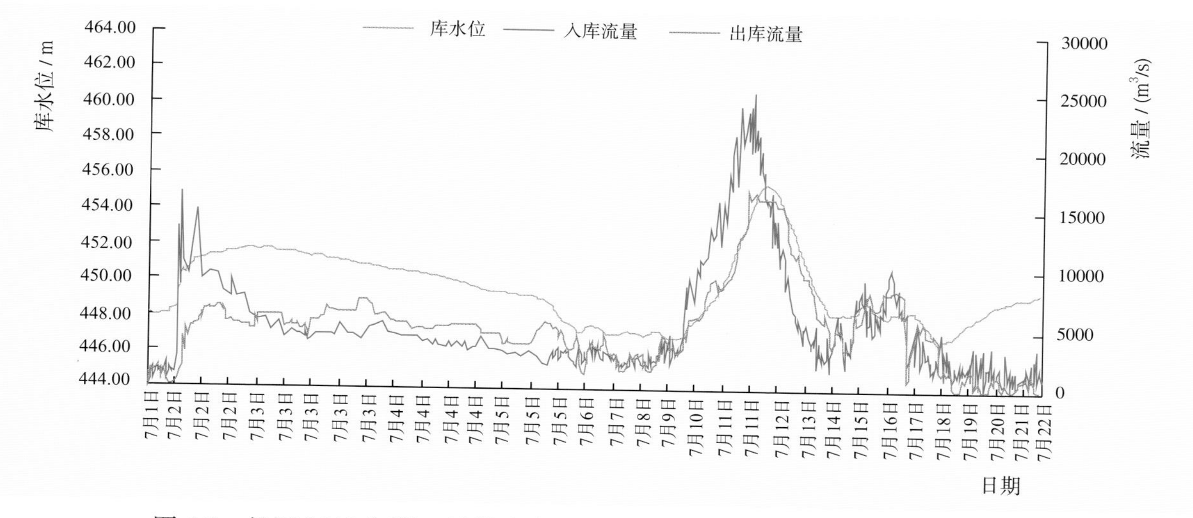

图 4.3　长江 2018 年第 2 号洪水嘉陵江上游亭子口水库水位 – 流量过程线

涪江上游干流涪江桥水文站（四川绵阳）7 月 11 日 10 时洪峰水位为 465.59m，超过保证水位（465.00m）0.59m，相应流量为 12200m^3/s，流量列 1954 年有实测资料以来第 1 位（历史最大流量为 10400m^3/s，1978 年 9 月），重现期为 50 年，其水位–流量过程线见图 4.4；中

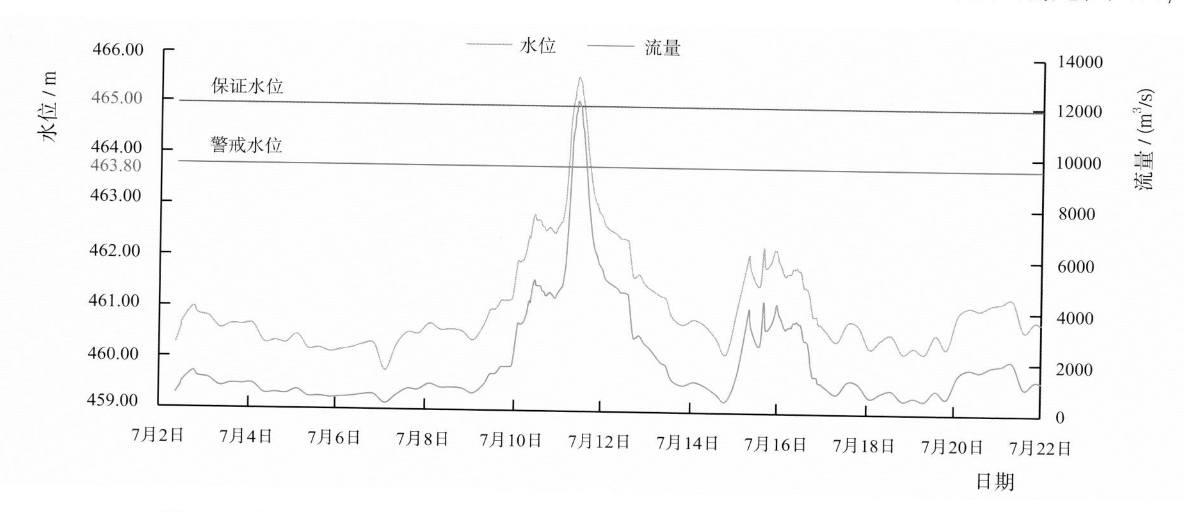

图 4.4　长江 2018 年第 2 号洪水涪江上游涪江桥水文站水位 – 流量过程线

游干流控制站射洪水文站（四川射洪）7 月 11 日 22 时 30 分洪峰水位为 333.52m，相应流量为 21400m³/s，超过保证流量（13200m³/s），流量列 1951 年有实测资料以来第 2 位（历史最大流量为 25700m³/s，1981 年 7 月），重现期超过 20 年；下游干流控制站小河坝水文站（重庆潼南）7 月 12 日 14 时 20 分洪峰水位为 245.16m，超过保证水位（240.00m）5.16m，相应流量为 17700m³/s，水位、流量分别列 1951 年有实测资料以来第 1 位、第 3 位（历史最高水位为 241.68m，2013 年 7 月；历史最大流量为 28700m³/s，1981 年 7 月），重现期超过 10 年。

沱江上游干流三皇庙水文站（四川金堂）7 月 11 日 19 时 25 分洪峰水位为 447.75m，超过保证水位（445.10m）2.65m，相应流量为 7810m³/s，流量列 1955 年有实测资料以来第 2 位（历史最大流量为 8110m³/s，1981 年 7 月），重现期为 50 年，其水位–流量过程线见图 4.5；中游干流登瀛岩水文站（四川资中）7 月 12 日 19 时 50 分洪峰水位为 334.68m，超过警戒水位（332.60m）2.08m，相应流量为 9310m³/s，水位、流量均列 1953 年有实测资料以来第 2 位（历史最高水位为 339.92m，最大流量为 14000m³/s，1981 年 7 月），重现期超过 10 年；下游干流控制站富顺水文站（四川富顺）7 月 13 日 13 时洪峰水位为 272.82m，超过保证水位（272.30m）0.52m，相应流量为 9510m³/s。

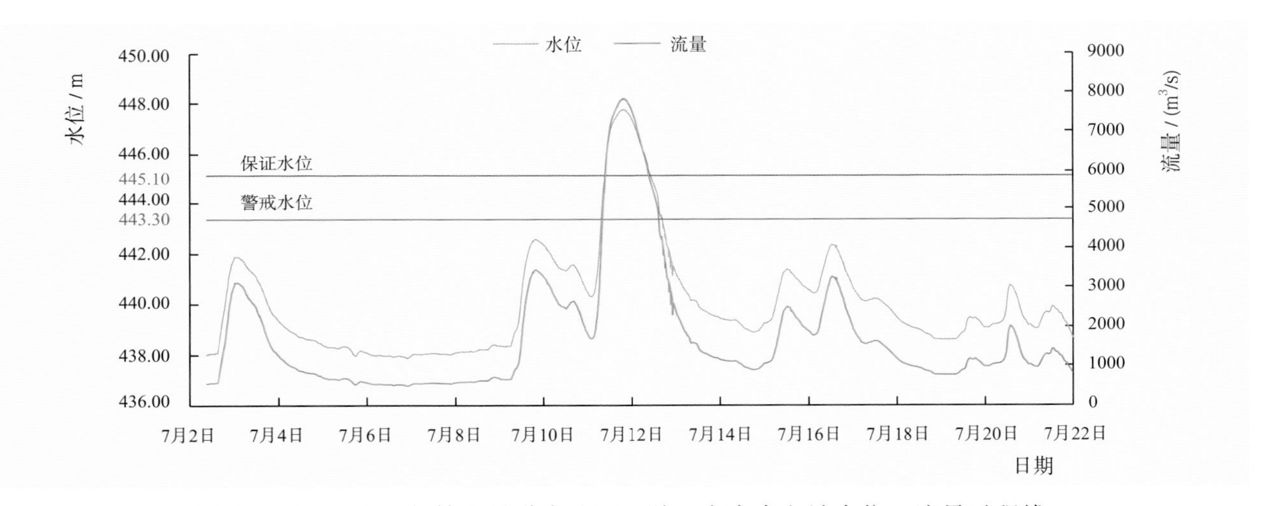

图 4.5　长江 2018 年第 2 号洪水沱江上游三皇庙水文站水位 – 流量过程线

岷江上游干流较场坝水位站（四川阿坝）7 月 11 日 23 时 50 分洪峰水位为 2151.94m，超过保证水位（2151.45m）0.49m；中游干流控制站彭山水文站（四川眉山）7 月 11 日 21 时 15 分洪峰水位为 423.32m，相应流量为 9190m³/s，超过警戒流量（7790m³/s）。中游支流大渡河上游丹巴水文站（四川甘孜）7 月 11 日 17 时 55 分洪峰水位为 2285.80m，超过保证水位（2284.46m）1.34m，相应流量为 4640m³/s，水位、流量均列 1961 年有实测资料以来第 3 位（历史最高水位为 2286.75m，最大流量为 5100m³/s，1992 年 6 月），重现期超过 10 年；中游泸定水文站（四川甘孜）7 月 12 日 1 时 25 分洪峰水位为 1313.09m，超过保证水位（1312.07m）1.02m，相应流量为 5760m³/s，水位、流量均列 1961 年有实测资料以来第 2 位（历史最高水位为 1313.64m，最大流量为 5800m³/s，1992 年 6 月），重现期为 20 年。

4.1.3 江西昌江、乐安河发生超警洪水，赣江中游支流蜀水超历史

昌江下游干流控制站渡峰坑水文站（江西景德镇）7 月 6 日 19 时洪峰水位为 31.19m，超过警戒水位（28.50m）2.69m，相应流量为 5260m³/s，其水位−流量过程线见图 4.6；乐安河下游干流控制站虎山水文站（江西乐平）7 月 7 日 6 时 30 分洪峰水位为 26.62m，超过警戒水位（26.00m）0.62m，相应流量为 3940m³/s。

赣江中游支流蜀水林坑水文站（江西吉安，集水面积为 994km²）6 月 8 日 7 时 30 分洪峰水位为 90.95m，超过警戒水位（86.50m）4.45m，相应流量为 1890m³/s，水位、流量均列 1957 年有实测资料以来第 1 位（历史最高水位为 89.32m，2002 年 6 月；历史最大流量为 1480m³/s，1977 年 5 月）；中游干流吉水水位站（江西吉安）6 月 10 日 13 时 5 分洪峰水位为 48.07m，超过警戒水位（48.00m）0.07m。

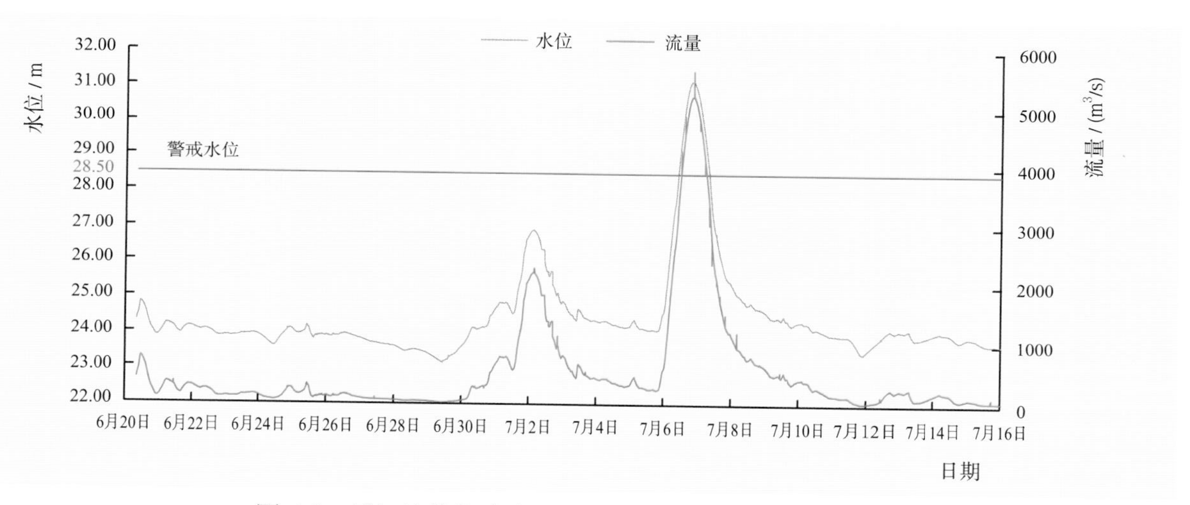

图 4.6 昌江渡峰坑水文站水位－流量过程线

4.1.4 长江下游滁河发生超警洪水

滁河中游襄河口闸闸坝站（安徽马鞍山）8 月 19 日 10 时洪峰水位为 12.05m，超过警戒水位（11.00m）1.09m，相应过闸流量为 152m³/s；其下游晓桥水位站（江苏南京）8 月 18 日 23 时洪峰水位为 10.92m，超过警戒水位（9.50m）1.42m。

4.1.5 川藏交界金沙江上游接连形成两次堰塞湖，溃决洪水造成部分江段发生超历史洪水

金沙江白格堰塞湖因西藏自治区昌都市江达县波罗乡白格村境内金沙江右岸（左岸对应四川省白玉县绒盖乡则巴村）山体滑坡，堵塞金沙江干流河道而先后两次形成。

第一次白格堰塞湖于 10 月 10 日 22 时形成。堰塞体长 1200m，宽 500m，平均坝高 70m，堰塞湖最大蓄水量为 2.9 亿 m^3。堰塞湖从 10 月 12 日 17 时 15 分开始自然过流，推算 13 日 6 时最大溃决流量为 10000m^3/s，14 时 30 分基本退至基流。受其影响，金沙江上游巴塘水文站（四川巴塘）13 日 15 时洪峰流量为 7850m^3/s，超过历史最大流量（5610m^3/s，1965 年 7 月），上游控制站石鼓水文站（云南丽江）10 月 15 日 3 时 20 分洪峰水位为 1823.08m，超过警戒水位（1822.50m）0.58m，相应流量为 5250m^3/s。

第二次白格堰塞湖于 11 月 3 日 17 时形成。堰塞体长 850m，宽 480m，平均坝高 85m，堰塞湖最大蓄水量为 5.8 亿 m^3。堰塞湖从 11 月 12 日 10 时 50 分通过人工开挖泄流槽开始过流，推算 13 日 18 时最大溃决流量为 31000m^3/s，14 日 8 时基本退至基流。受其影响，金沙江巴塘水文站（四川巴塘）14 日 1 时 55 分洪峰流量为 20900 m^3/s，超过历史最大流量（5610m^3/s，1965 年 7 月），其水位–流量过程线见图 4.7，其下游奔子栏水文站（云南迪庆）14 日 13 时洪峰流量为 15700m^3/s，超过历史最大流量（6900m^3/s，2005 年 8 月），上游控制站石鼓水文站（云南丽江）15 日 8 时 40 分洪峰水位为 1826.47m，超过保证水位（1824.50m）1.97m，相应流量为 7170 m^3/s。

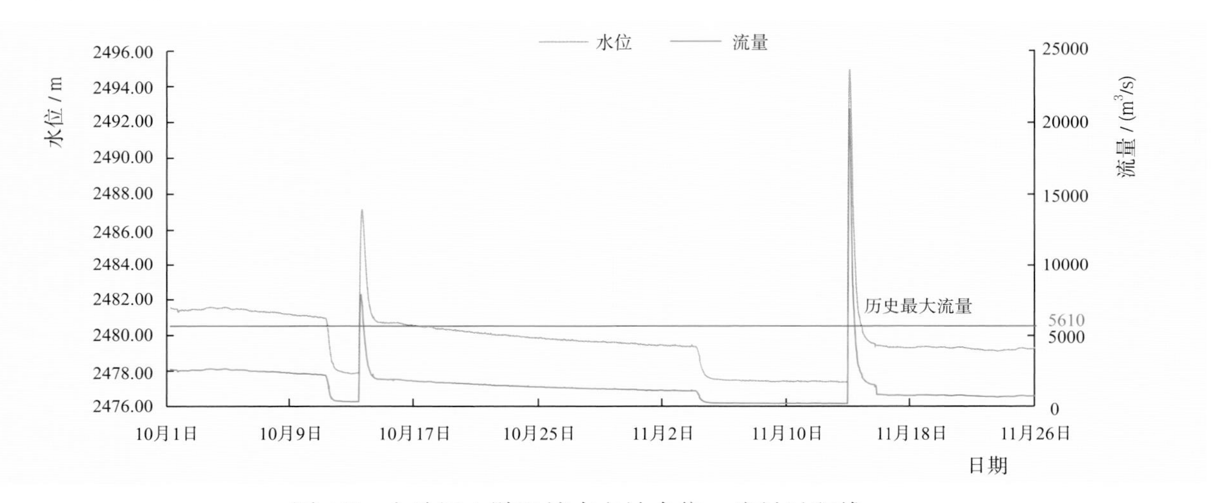

图 4.7　金沙江上游巴塘水文站水位 – 流量过程线

4.2　黄河流域

黄河共发生 3 次编号洪水，主要集中在黄河上游，流域内共有 24 条河流发生超警洪水，13 条河流超保，5 条河流超历史。其中，黄河上游兰州段、中游吴堡段先后超警，支流渭河全线超警，四川、甘肃、宁夏、内蒙古境内黄河上游部分支流发生超历史洪水。

4.2.1　黄河 7 月出现 2 次编号洪水，9 月出现 1 次编号洪水

黄河上游干流唐乃亥水文站（青海兴海）7 月 8 日 11 时流量涨至 2500m^3/s，为黄河 2018 年第 1 号洪水，13 日 10 时 36 分洪峰流量为 3440m^3/s。

上游干流兰州水文站（甘肃兰州）7 月 23 日 4 时 54 分流量涨至 2700m³/s，为黄河 2018 年第 2 号洪水，23 日 8 时 18 分洪峰流量为 3610m³/s，超过警戒流量（3000m³/s），其水位-流量过程线见图 4.8。

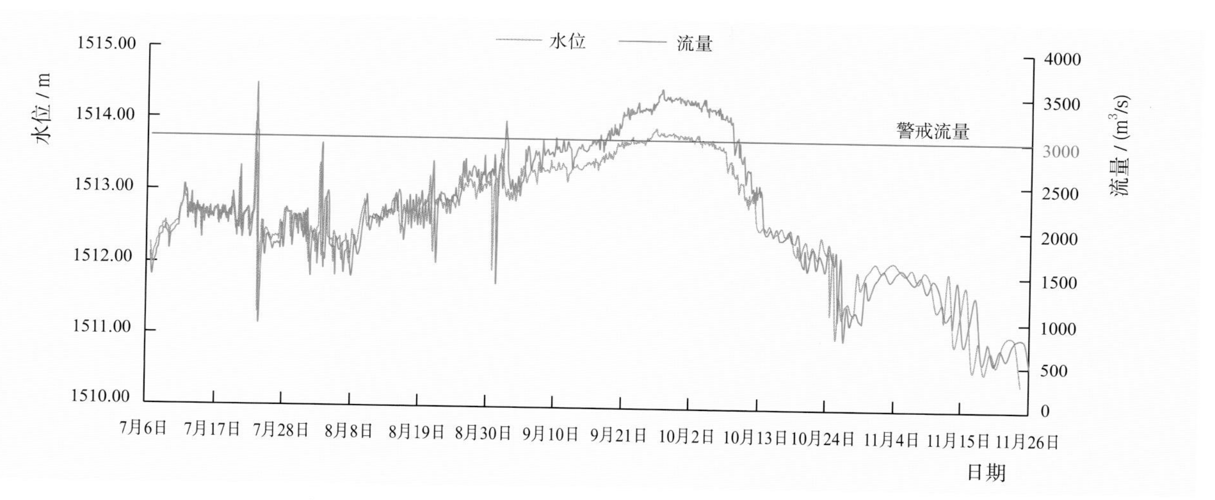

图 4.8 黄河上游兰州水文站水位 – 流量过程线

受黄河源区持续降雨及龙羊峡—兰州区间降雨影响，黄河上游兰州水文站 9 月 20 日 2 时 18 分流量涨至 3200m³/s，超过警戒流量（3000m³/s），为黄河 2018 年第 3 号洪水，26 日 23 时兰州站最大流量为 3590m³/s。

4.2.2 8 月中旬黄河中游干流吴堡河段发生超警洪水

受局地强降雨及支流来水影响，黄河中游干流吴堡水文站（陕西吴堡）8 月 11 日 17 时 12 分洪峰流量为 5250m³/s，超过警戒流量（5000m³/s），其水位-流量过程线见图 4.9。

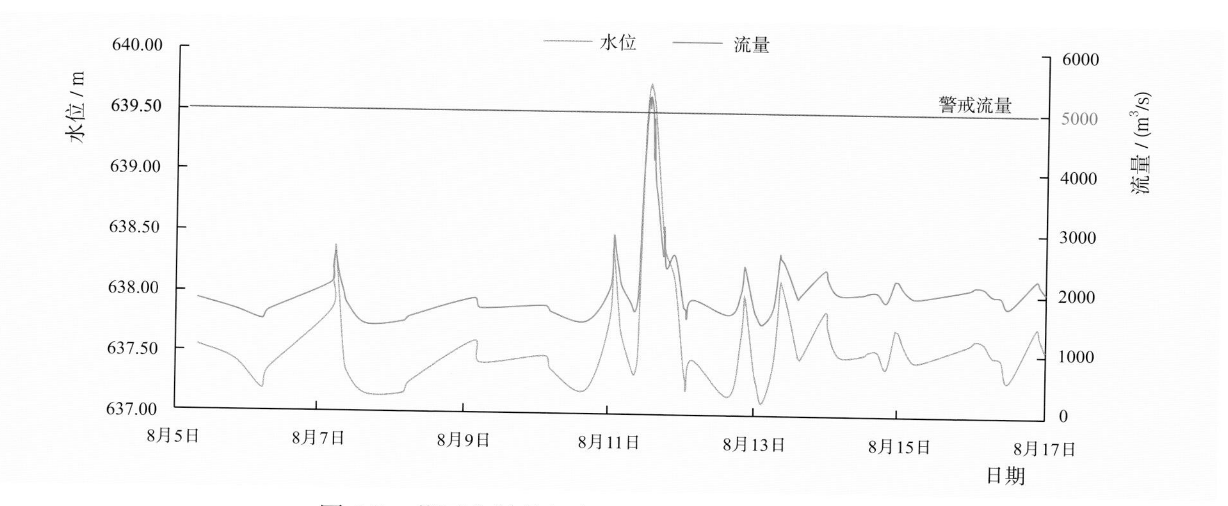

图 4.9 黄河中游吴堡水文站水位 – 流量过程线

4.2.3 黄河中游支流渭河上游发生超历史洪水，干流接近警戒流量

渭河上游干流拓石水文站（陕西宝鸡）7 月 11 日 12 时 30 分洪峰流量为 2090m³/s，超过警戒流量（1500m³/s），列 2003 年有实测资料以来第 1 位（历史最大流量为 1790m³/s，2013 年 7 月）；中游干流魏家堡水文站（陕西眉县）7 月 11 日 19 时 6 分洪峰流量为 4290 m³/s，超过保证流量（4000m³/s），其水位–流量过程线见图 4.10；下游干流华县水文站（陕西华县）7 月 14 日 2 时洪峰流量为 3400m³/s，超过警戒流量（2500m³/s）。

受北干流及渭河来水影响，黄河中游干流潼关水文站（陕西渭南）7 月 14 日 17 时洪峰流量为 4620 m³/s，低于警戒流量（5000m³/s）。

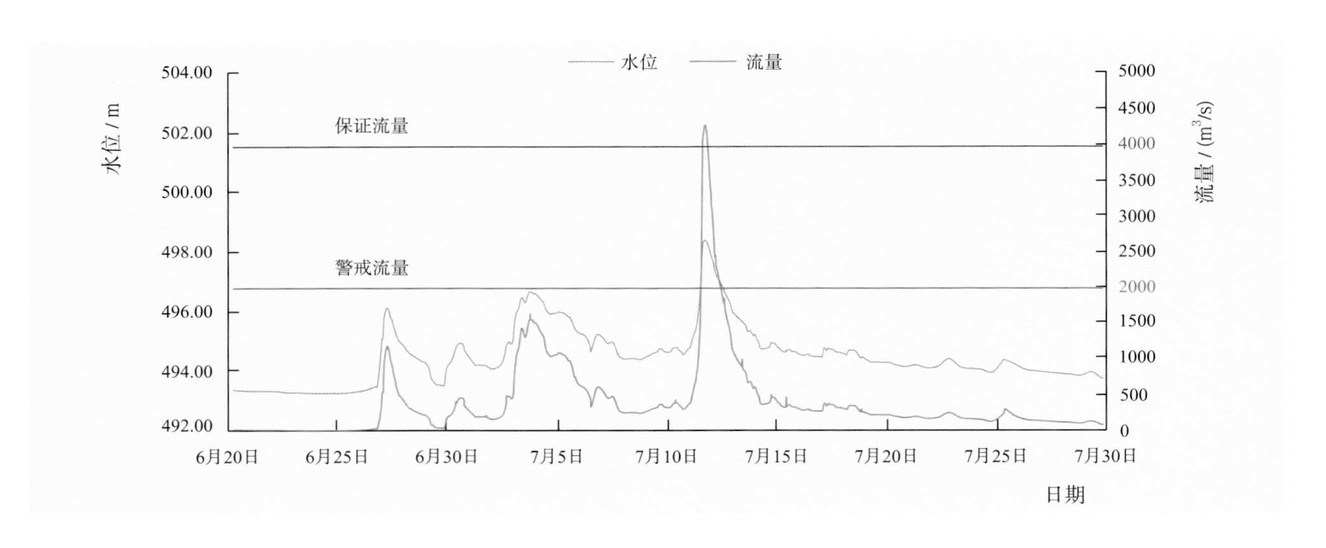

图 4.10 渭河中游干流魏家堡水文站水位 – 流量过程线

4.2.4 四川、甘肃、宁夏、内蒙古境内黄河上游部分支流发生超历史洪水

四川境内黄河上游白河唐克水文站（四川若尔盖，集水面积为 5374km²）7 月 11 日 17 时洪峰水位为 8.45m，相应流量为 803m³/s，水位、流量均列 1980 年有实测资料以来第 1 位（历史最高水位为 7.96m，最大流量为 597m³/s，1992 年 7 月），该站历年最大流量见图 4.11；黑河若尔盖水文站（四川阿坝，集水面积为 4001km²）7 月 14 日 0 时 20 分洪峰水位为 11.68m，超过保证水位（9.85m）1.83m，相应流量为 375 m³/s，水位、流量均列 1980 年有实测资料以来第 1 位（历史最高水位为 10.53m，最大流量为 298m³/s，2014 年 9 月），重现期超过 50 年。

甘肃境内黄河上游庄浪河红崖子水文站（甘肃兰州，集水面积为 4007km²）8 月 2 日 20 时洪峰水位为 1559.23m，超过保证水位（1558.60m）0.63m，相应流量为 511m³/s，水位、流量均列 1968 年有实测资料以来第 1 位（历史最高水位为 1559.19m，最大流量为 481m³/s，2016 年 8 月），重现期超过 20 年。

宁夏沿黄支流汝箕沟汝箕沟水文站（宁夏石嘴山，集水面积为 80km²）7 月 23 日 4 时

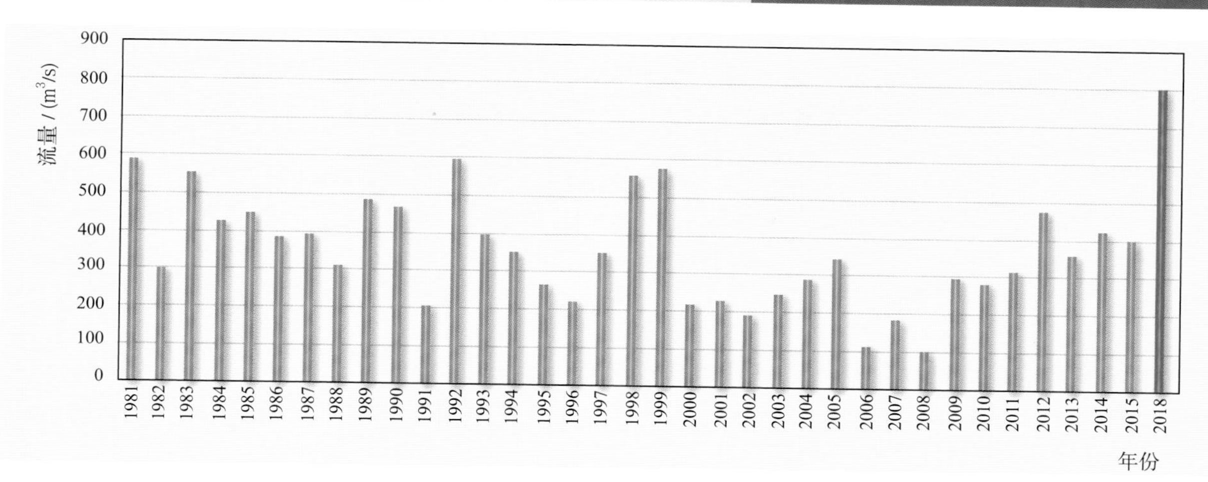

图 4.11　白河唐克水文站历年最大流量柱状图

12 分洪峰水位为 1185.66m，相应流量为 950m^3/s，超过保证流量（674m^3/s），列 1971 年有实测资料以来第 1 位（历史最大流量为 674m^3/s，2009 年 7 月）；大武口沟大武口水文站（宁夏石嘴山，集水面积为 576km^2）7 月 23 日 4 时 50 分洪峰流量为 1500m^3/s，超过警戒流量（800m^3/s），列 1973 年有实测资料以来第 1 位（历史最大流量为 1330m^3/s，1975 年 8 月）；苏峪口沟苏峪口水文站（宁夏银川，集水面积为 51km^2）7 月 22 日 23 时 30 分洪峰水位为 1435.08m，相应流量为 500m^3/s，超过保证流量（198m^3/s），列 1971 年有实测资料以来第 2 位（历史最大流量为 560m^3/s，1998 年 5 月）。

内蒙古境内黄河上游乌苏图勒河广生隆水文站（内蒙古乌拉特前旗，集水面积为 836km^2）7 月 19 日 11 时 45 分最大流量为 1890m^3/s（推求），流量列 1980 年有实测资料以来第 1 位（历史最大流量为 648m^3/s，1983 年 8 月），重现期超过 100 年，该站历年最大流量见图 4.12；下游大佘太水文站（内蒙古乌拉特前旗，集水面积为 1837km^2）受增隆昌水库（乌拉特前旗，总库容为 1888 万 m^3，集水面积为 975km^2）副坝决口影响，测验设施被洪水损毁，7 月 17 时 40 分洪峰流量为 680m^3/s（估算），流量列 1980 年有资料以来第 2 位（历史最大流量为 740m^3/s，1988 年 6 月），重现期约 50 年。

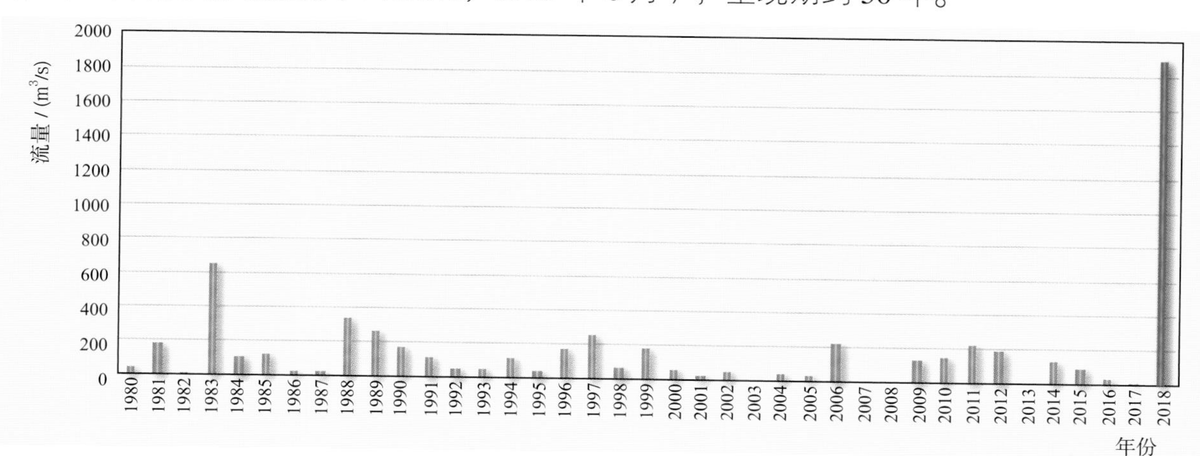

图 4.12　乌苏图勒河广生隆水文站历年最大流量柱状图

4.3 淮河流域

2018 年 8 月，受台风“摩羯”“温比亚”影响，沂沭泗水系沭河发生 1 次编号洪水，淮南支流淠河，淮北支流奎河、濉河、新汴河、怀洪新河、浍河，沂沭泗水系沭河、新沂河等 8 条河流发生超警以上洪水，其中濉河、奎河、新汴河以及山东沿海弥河等 4 条河流发生超历史洪水。

4.3.1 沂沭泗水系沭河发生 2018 年第 1 号洪水

沭河重沟水文站（山东临沂）8 月 20 日 8 时 14 分流量涨至 2250m³/s，为 2018 年第 1 号洪水；20 日 13 时洪峰水位为 57.47m，相应流量为 3130m³/s，超过警戒流量（3000 m³/s），其水位–流量过程线见图 4.13。

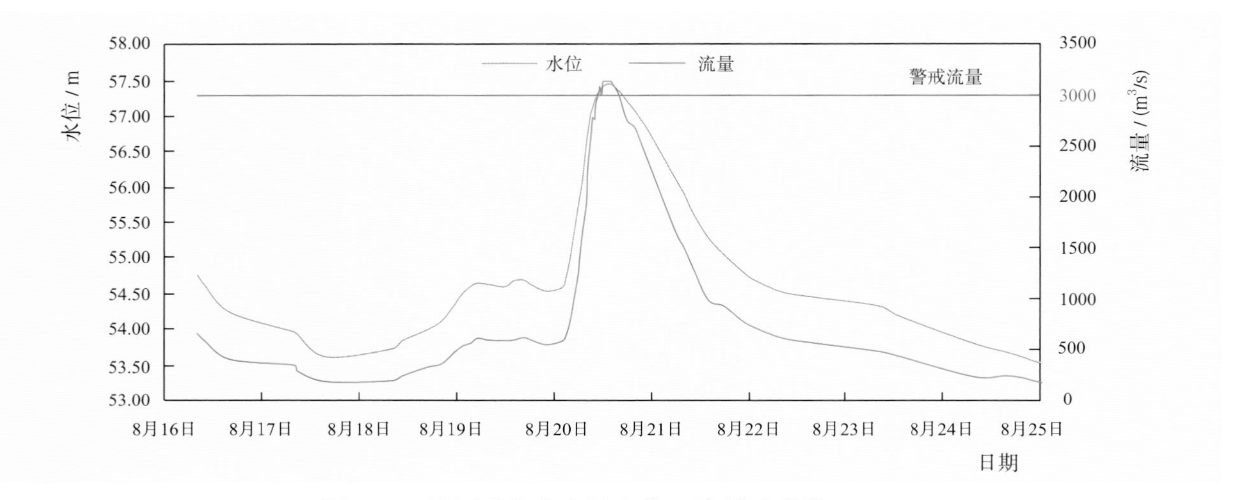

图 4.13 沭河重沟水文站水位 – 流量过程线

4.3.2 淮北部分支流发生超历史洪水

奎河栏杆集水文站（安徽宿州，集水面积为 622km²）8 月 19 日 17 时 20 分洪峰水位为 27.50m，超过保证水位（27.00m）0.50m，水位列 1963 年有实测资料以来第 1 位（历史最高水位为 26.87m，1996 年 7 月），其水位–流量过程线见图 4.14；濉河符离集闸坝站（安徽宿州）8 月 19 日 17 时 24 分洪峰水位为 29.82m，超过保证水位（29.54m）0.28m，水位列 1963 年有实测资料以来第 1 位（历史最高水位为 29.46m，1982 年 7 月）；新汴河团结闸闸坝站（江苏宿迁）8 月 22 日 15 时洪峰水位为 19.88m，超过警戒水位（19.50m）0.38m，水位列 1972 年有实测资料以来第 1 位（历史最高水位为 19.77m，1978 年 7 月）。

受降雨及上游来水影响，洪泽湖（江苏淮安）8 月 22 日 8 时最大入湖流量为 8790m³/s，相应出湖流量为 7690m³/s，23 日 14 时最高水位为 13.27m，超过汛限水位（12.50m）0.77m，其水位过程线见图 4.15。

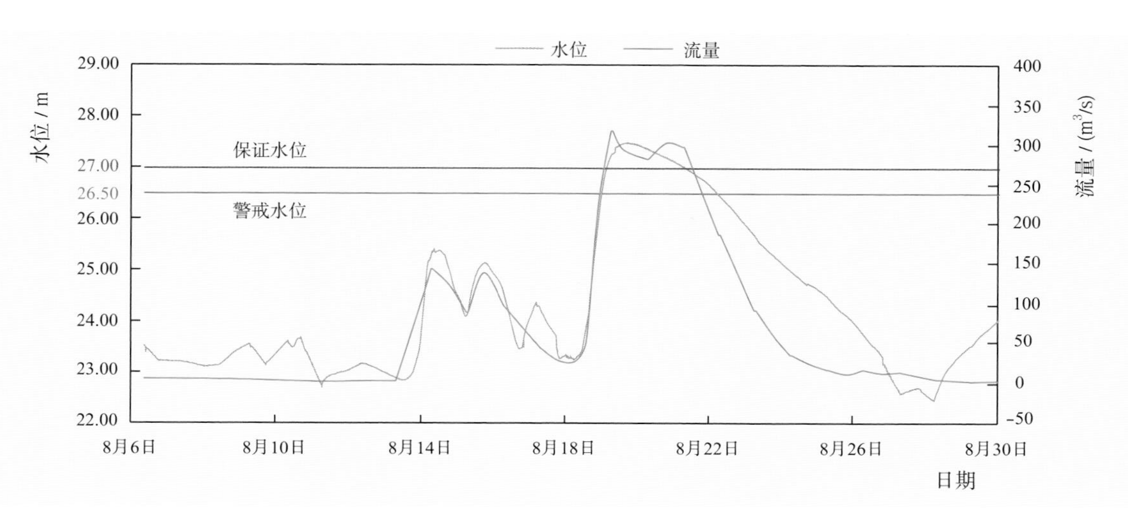

图 4.14　奎河栏杆集水文站水位 – 流量过程线

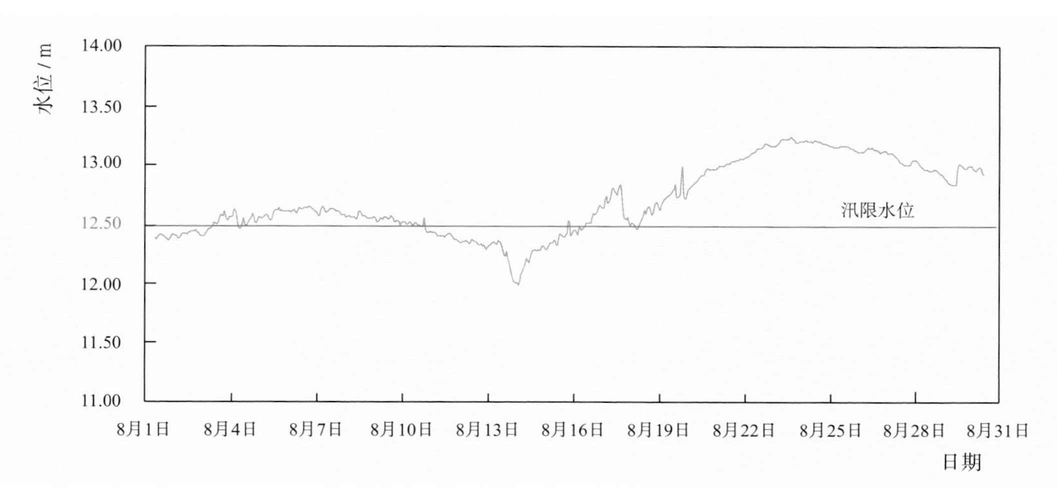

图 4.15　洪泽湖水位过程线

4.3.3　山东沿海弥河发生超历史洪水

弥河上游支流石沟河黑虎山水库（山东潍坊）8 月 19 日 19 时 30 分最大入库流量为 1240m^3/s，19 日 22 时最高库水位为 167.79m，超过汛限水位（163.00m）4.79m，最大出库流量为 960m^3/s，削峰率为 22%；干流冶源水库（山东潍坊）8 月 19 日 22 时最大入库流量为 1730m^3/s，20 日 2 时 15 分最大出库流量 698m^3/s，削峰率为 60%，20 日 4 时最高库水位为 138.58m，超过汛限水位（137.72m）0.86m；其下游谭家坊水文站（山东潍坊，集水面积为 2153km^2）8 月 20 日 2 时 55 分洪峰水位为 44.25m，相应流量为 2250m^3/s，水位、流量均列 1976 年有实测资料以来第 1 位（历史最高水位为 44.10m，1978 年 7 月；历史最大流量为 775m^3/s，2012 年 8 月），其水位–流量过程线及历年最大流量见图 4.16。

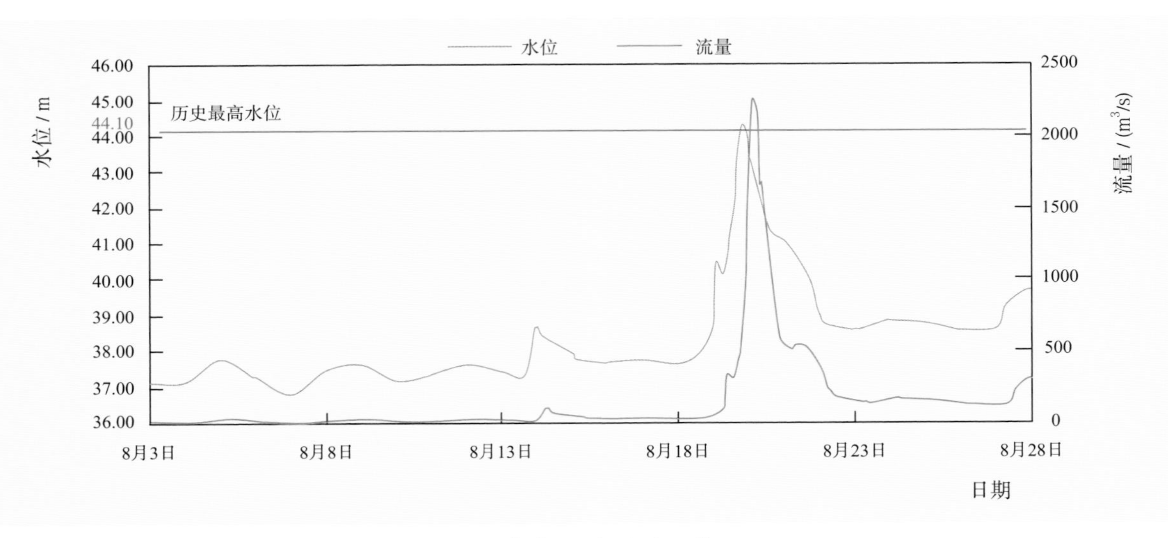

（a）水位 – 流量过程线

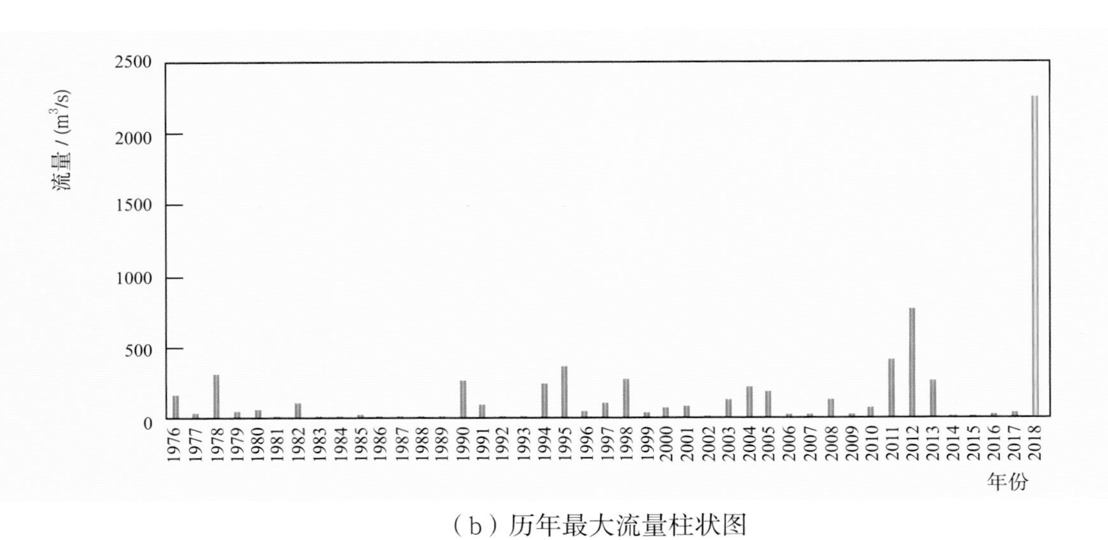

（b）历年最大流量柱状图

图 4.16　弥河谭家坊水文站水位 – 流量过程线及历年最大流量柱状图

4.4　海河流域

2018 年 7 月中下旬，受局地强降雨影响，海河北系潮白河支流白河和潮河分别发生 1998 年以来最大洪水。白河张家坟水文站（北京密云）7 月 16 日 6 时洪峰水位为 184.04m，超过警戒水位（183.42m）0.62m，相应流量为 1340m^3/s，为 1998 年以来最大洪水，为 1972 年以来第 3 位洪水，其水位–流量过程线见图 4.17；北运河北关闸（北京通州）7 月 17 日 13 时最大过闸总流量达 700m^3/s（分洪闸流量为 440m^3/s，拦河闸流量为 260m^3/s）；潮河古北口水文站（河北滦平）7 月 24 日 20 时 50 分洪峰水位为 215.26m，与警戒水位持平，相应流量为 413m^3/s，为 1998 年以来最大洪水。

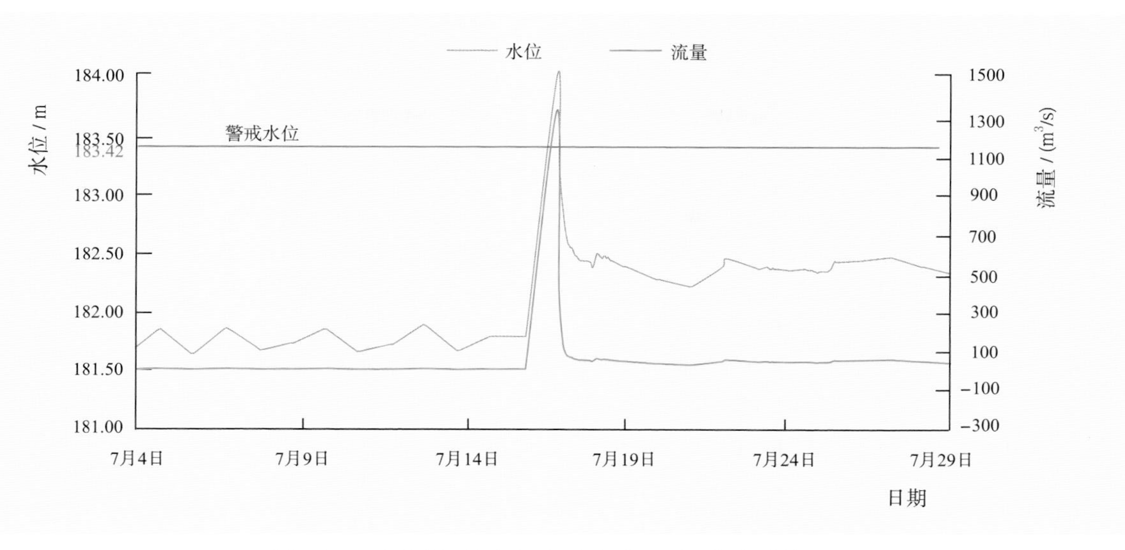

图 4.17　白河张家坟水文站水位 – 流量过程线

4.5　珠江流域

珠江流域内共计 154 条河流发生超警洪水，其中广东北江上中游发生超警洪水，广西郁江邕宁江段水位 4 次超警，右江干流超警、上游支流驮娘江发生大洪水，海南南渡江上游 2 次超警；珠江三角洲部分潮位站出现超历史实测最高潮位。

4.5.1　广东北江上中游发生超警洪水

北江干流上游控制站韶关水位站（广东韶关）6 月 9 日 12 时洪峰水位为 53.13m，超过警戒水位（53.00m）0.13m，其水位过程线见图 4.18；中游英德水位站（广东清远）6 月 9 日 20 时洪峰水位为 28.25m，超过警戒水位（26.00m）2.25m。

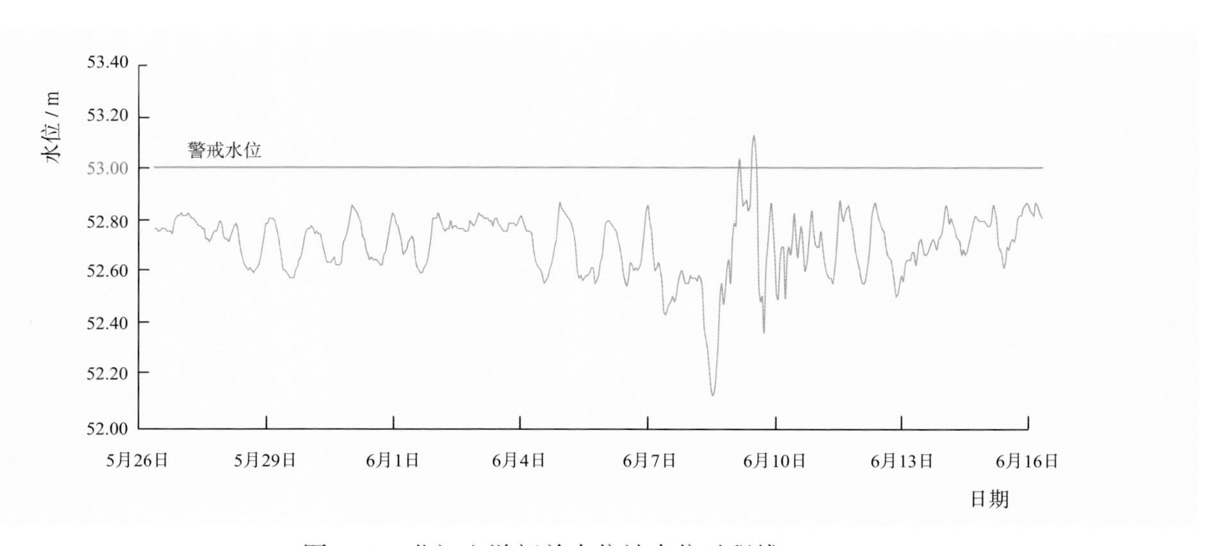

图 4.18　北江上游韶关水位站水位过程线

4.5.2 广西右江发生超警洪水，上游支流驮娘江发生大洪水

右江上游支流驮娘江定安水文站（广西百色，集水面积为 4424km^2）8 月 8 日 10 时 30 分洪峰水位为 389.73m，超过警戒水位（388.00m）1.73m，相应流量为 2610m^3/s，重现期为 20 年；其下游瓦村水文站（广西百色）8 月 8 日 17 时洪峰水位为 233.35m，超过警戒水位（229.20m）4.15m，相应流量为 3170m^3/s，水位、流量分别列 1959 年建站以来第 1 位、第 5 位（历史最高水位为 232.09m，最大流量为 5410m^3/s，2001 年 7 月）。上游干流百色水库（广西百色）8 月 8 日 22 时最大入库流量为 3480m^3/s，9 日 19 时最大出库流量为 2200m^3/s，削峰率为 37%，9 日 23 时最高库水位为 216.97m，超过汛限水位（214.00m）2.97m，其水位-流量过程线见图 4.19；其下游百色水文站（广西百色）8 月 10 日 7 时洪峰水位为 116.97m，超过警戒水位（116.20m）0.77m，相应流量为 2730m^3/s；下游干流隆安水文站（广西南宁）8 月 11 日 5 时洪峰水位为 85.32m，超过警戒水位（85.00m）0.32m，相应流量为 3380m^3/s。

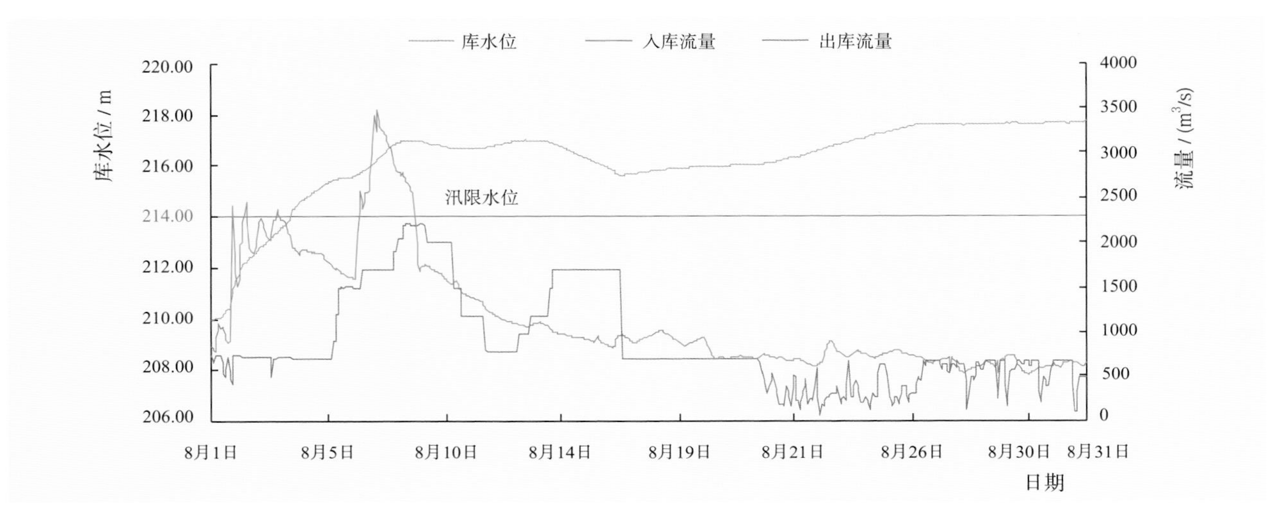

图 4.19　右江百色水库站水位 - 流量过程线

4.5.3 海南南渡江上游 2 次超警

南渡江上游干流 6 月和 8 月各发生 1 次超警洪水，以 8 月 10 日为最大。南渡江上游福才水文站（海南白沙，集水面积为 508km^2）8 月 10 日 7 时 52 分洪峰水位为 200.61m，超过警戒水位（196.90m）3.71m，相应流量为 2580m^3/s，其水位-流量过程线见图 4.20；其下游松涛水库（海南儋州）10 日 8 时最大入库流量为 5890m^3/s，13 日 8 时库水位为 186.45m，低于汛限水位（189.12m），最大出库流量为 48.4m^3/s，削峰率为 99%。

4.5.4 广东沿海部分潮位站出现历史最高潮位

受“山竹”影响，广东沿海 9 月 16 日有 24 个潮位站超过警戒潮位，主要集中在珠江三角洲地区，其中珠海白蕉、广州中大、东莞大盛、中山横门等 12 个潮位站超过历史最

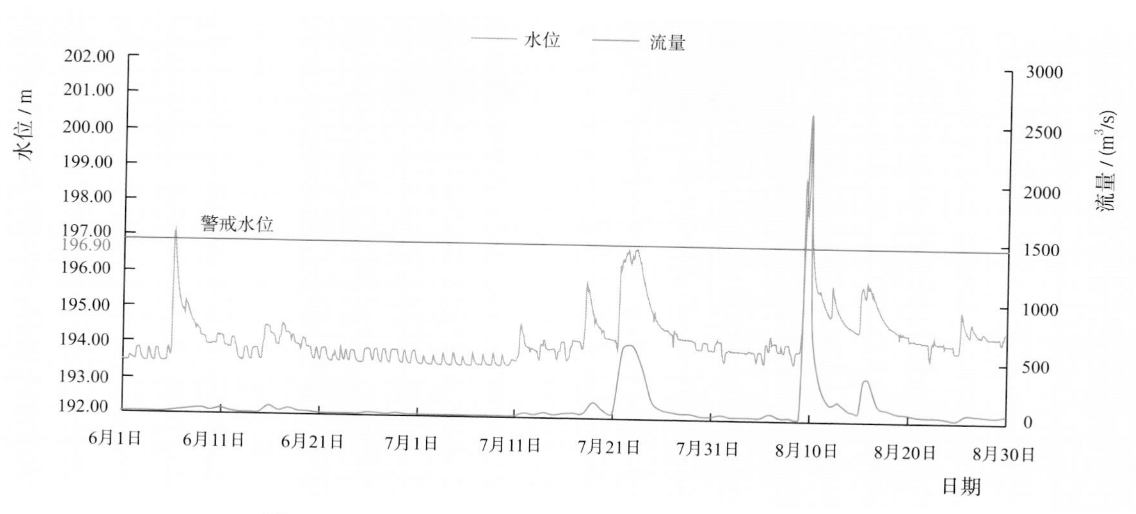

图 4.20　南渡江上游福才水文站水位 – 流量过程线

高潮位 0.04 ~ 0.56m。

珠海市白蕉潮位站 16 日 17 时 20 分最高潮位为 2.75m，超过警戒潮位（1.80m）0.95m，超过历史最高潮位（2.19m，1989 年 7 月 18 日）0.56m，其潮位过程线见图 4.21；广州市中大潮位站 16 日 19 时 35 分最高潮位为 3.28m，超过警戒潮位（1.50m）1.78m，超过历史最高潮位（2.81m，2017 年 8 月 23 日）0.47m。

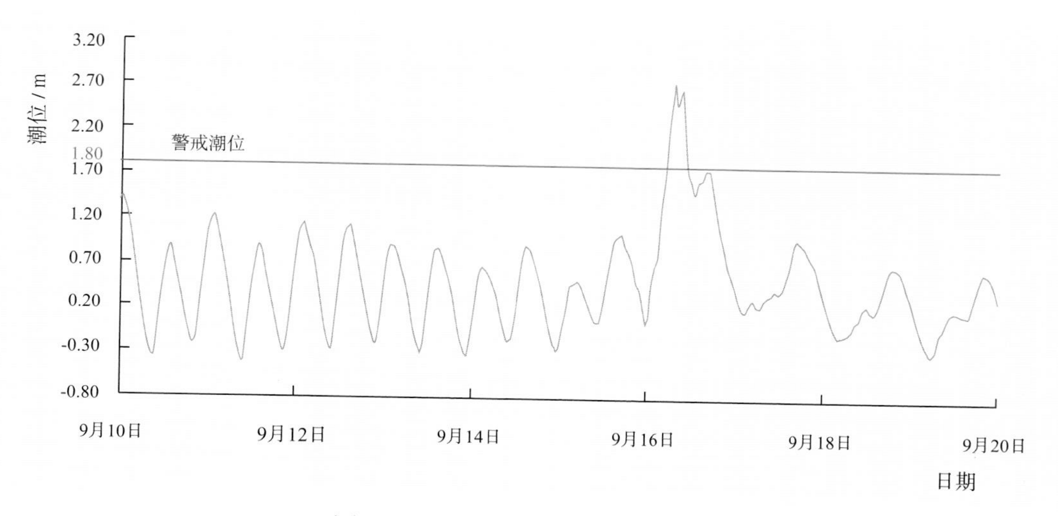

图 4.21　珠海市白蕉潮位站潮位过程线

4.6　松辽流域

松辽流域内共有 50 条河流发生超警洪水，13 条河流超保，5 条河流超历史。其中，黑龙江上中游发生超警洪水，第二松花江上游发生松花江 2018 年第 1 号洪水，乌苏里江上游发生超保证水位洪水。

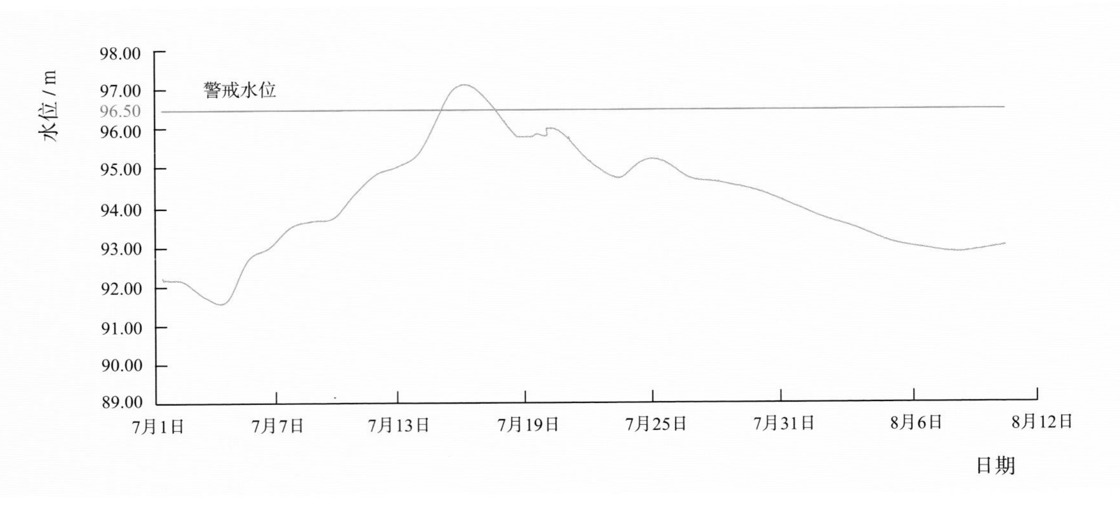

（a）漠河水位站

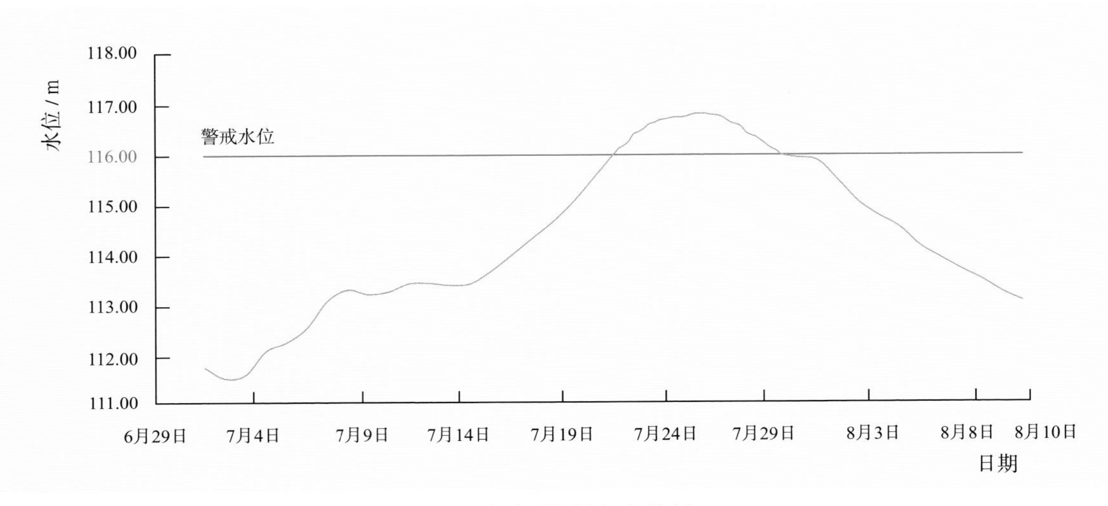

（b）胜利屯水位站

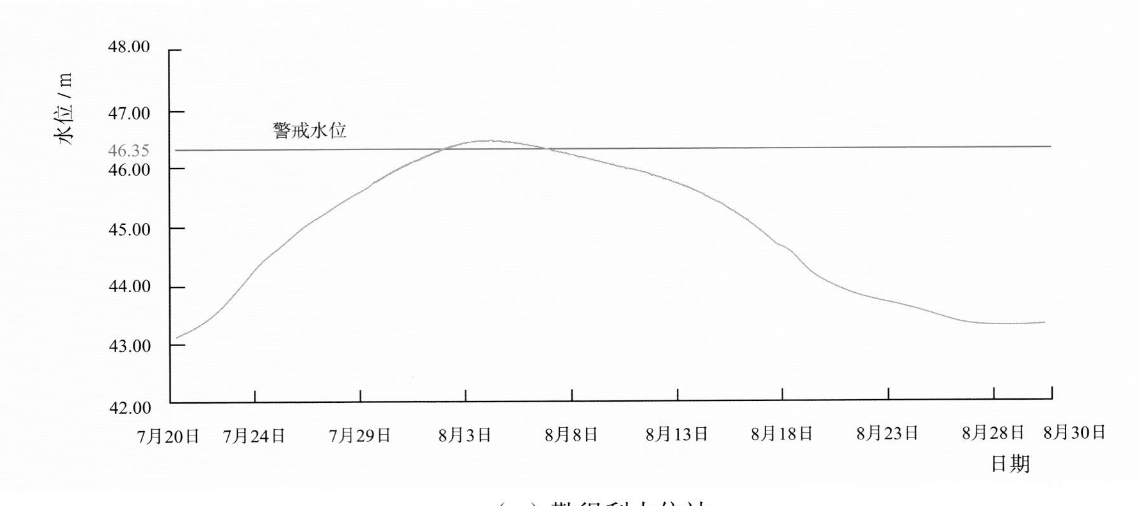

（c）勤得利水位站

图 4.22　黑龙江上中游水位过程线

4.6.1 黑龙江上中游发生超警洪水

受黑龙江北源石勒喀河和区间来水的共同影响，黑龙江上游发生中等洪水，上游干流洛古河—黑河江段以及中游干流胜利屯、嘉荫、绥滨—同江江段水位超警。

上游干流漠河水位站（黑龙江漠河）7月15日8时洪峰水位为97.11m，超过警戒水位（96.50m）0.61m，重现期约为10年；开库康水位站（黑龙江呼玛）7月17日17时洪峰水位为98.34m，超过警戒水位（96.50m）1.84m，重现期约为10年；黑河水位站（黑龙江黑河）7月23日14时洪峰水位为96.15m，超过警戒水位（96.00m）0.15m。中游干流胜利屯水位站（黑龙江黑河）7月25日8时洪峰水位为116.83m，超过警戒水位（116.00m）0.83m；嘉荫水位站（黑龙江伊春）7月29日16时18分洪峰水位为97.02m，超过警戒水位（97.00m）0.02m；勤得利水位站（黑龙江同江）8月4日6时洪峰水位为46.48m，超过警戒水位（46.35m）0.13m。黑龙江上中游水位过程线见图4.22。

4.6.2 第二松花江上游发生松花江2018年第1号洪水

松花江支流第二松花江上游白山水库（吉林桦甸）8月24日17时最大入库流量为5120m^3/s，为松花江2018年第1号洪水，27日17时库水位为411.85m，低于汛限水位（416.5m），最大出库流量为1190m^3/s，削峰率为76%，其水位–流量过程线见图4.23。

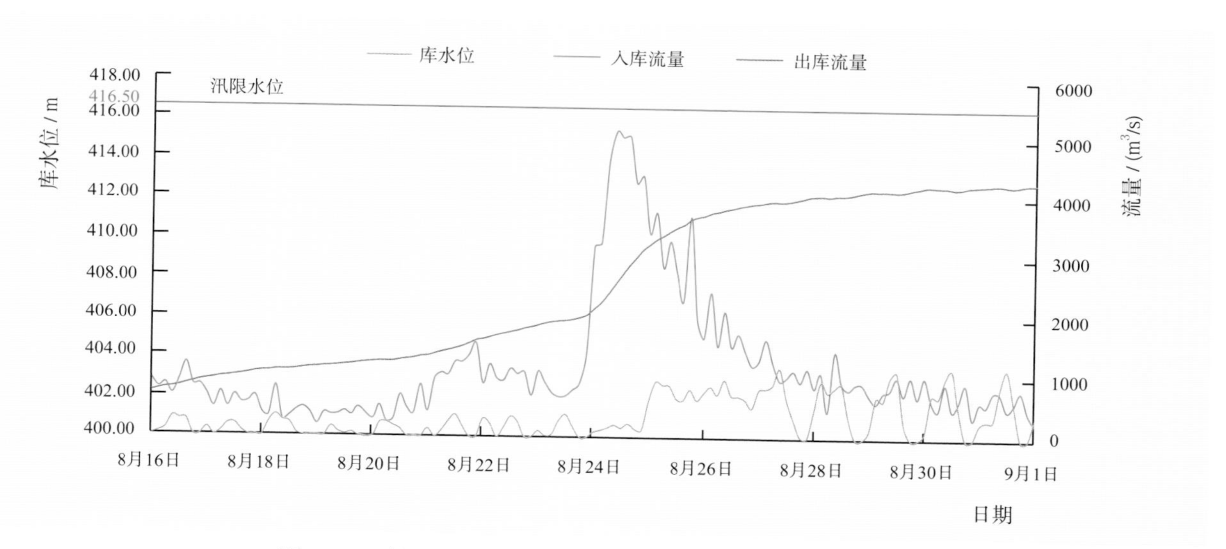

图4.23 第二松花江上游白山水库站水位–流量过程线

4.6.3 乌苏里江上游发生超保洪水

乌苏里江上游干流虎头水文站（黑龙江鸡西）9月12日21时洪峰水位为54.29m，超过保证水位（54.05m）0.24m，12日7时19分实测最大流量为4120m^3/s，其水位–流量过程线见图4.24。

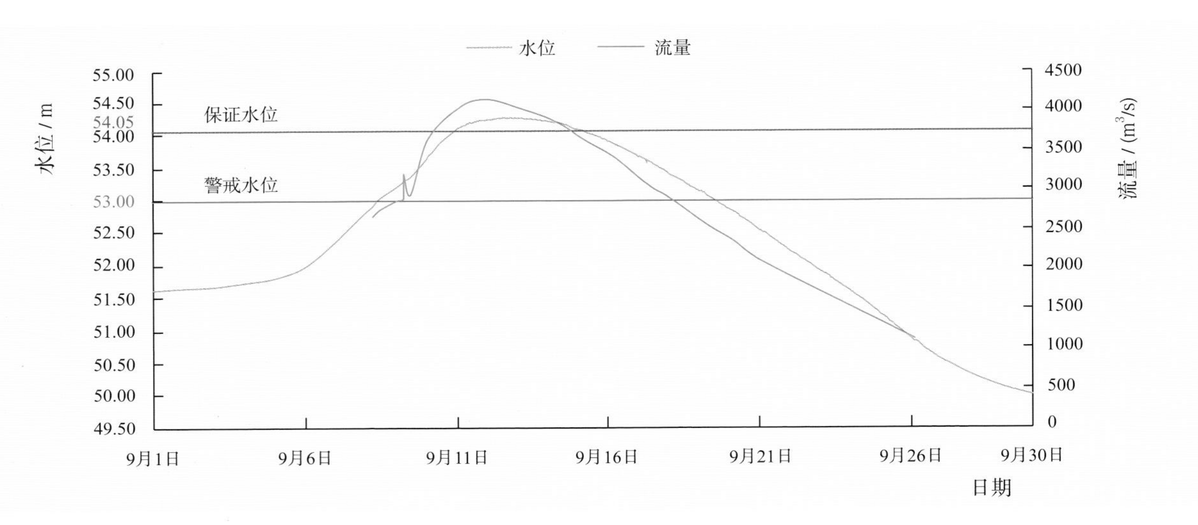

图 4.24　乌苏里江上游虎头水文站水位－流量过程线

4.6.4　松花江左岸支流呼兰河、汤旺河发生超警以上洪水，呼兰河上游及部分支流超历史

呼兰河上游支流依吉密河北关水文站（黑龙江绥化，集水面积为 939km²）7 月 26 日 0 时 54 分洪峰水位为 100.82m，超过警戒水位（98.50m）2.32m，相应流量为 1350 m³/s，水位、流量分别列 1957 年有实测资料以来第 1 位、第 2 位（历史最高水位为 100.55m，最大流量为 1550m³/s，1968 年 7 月）；另一支流扎音河陈家店水文站（黑龙江绥化，集水面积为 390km²）7 月 26 日 3 时洪峰水位为 100.00m，超过警戒水位（98.50m）1.50m，相应流量为 223m³/s，水位、流量均列 1970 年有实测资料以来第 1 位（历史最高水位为 99.85m，最大流量为 209m³/s，2013 年 7 月）。上游干流庆安水位站（黑龙江绥化）7 月 27 日 13 时 18 分洪峰水位为 174.20m，超过保证水位（173.25m）0.95m，列 1952 年有实测资料以来第 1 位（历史最高水位为 174.05m，1962 年 7 月）；下游干流控制站呼兰水位站（黑龙江哈尔滨）8 月 3 日 7 时洪峰水位为 114.27m，超过警戒水位（113.00m）1.27m，其水位过程线见图 4.25。

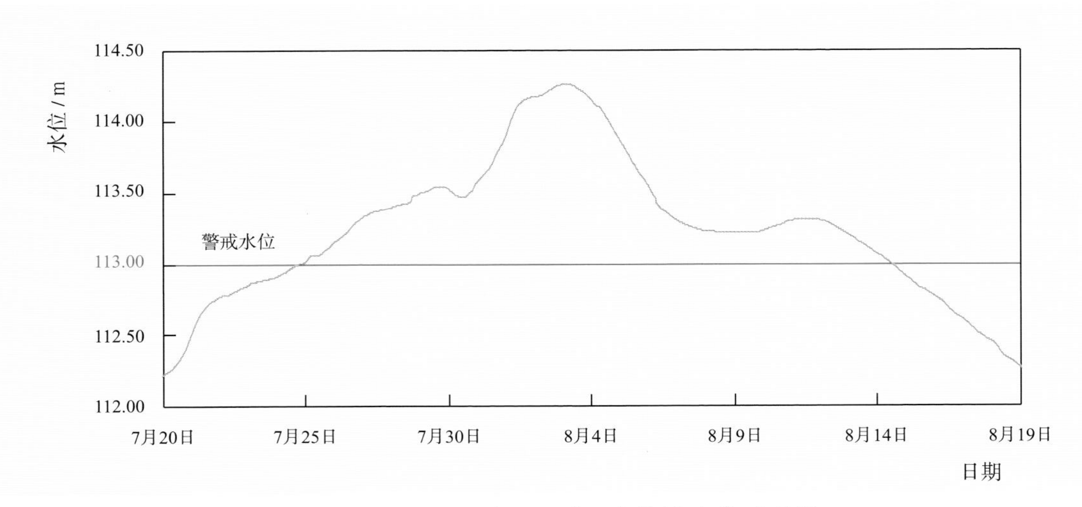

图 4.25　呼兰河呼兰水位站水位过程线

汤旺河上游支流伊春河伊春水文站（黑龙江伊春，集水面积为 2436km^2）7 月 26 日 7 时 36 分洪峰水位为 100.59m，超过保证水位（100.26m）0.33m，相应流量为 1450 m^3/s，水位、流量均列 1957 年有实测资料以来第 1 位（历史最高水位为 99.16m，2014 年 7 月；历史最大流量为 1230m^3/s，1988 年 7 月）；另一支流永翠河带领水文站（黑龙江伊春，集水面积为 677km^2）7 月 26 日 8 时 10 分洪峰水位为 100.00m，超过保证水位（99.50m）0.50m，相应流量为 552m^3/s，水位、流量均列 1959 年有实测资料以来第 3 位（历史最高水位为 101.11m，最大流量为 802m^3/s，1968 年 7 月）。上游干流西林水位站（黑龙江伊春）7 月 26 日 6 时 24 分洪峰水位为 99.71m，超过保证水位（99.00m）0.71m，水位列 1955 年有实测资料以来第 2 位（历史最高水位为 100.90m，1961 年 8 月）；下游干流控制站晨明水文站（黑龙江伊春）7 月 26 日 19 时 30 分洪峰水位为 95.91m，超过警戒水位（93.50m）2.41m，相应流量为 4610m^3/s，流量列 1954 年有实测资料以来第 2 位（历史最大流量为 5280m^3/s，1961 年 8 月），其水位–流量过程线见图 4.26。

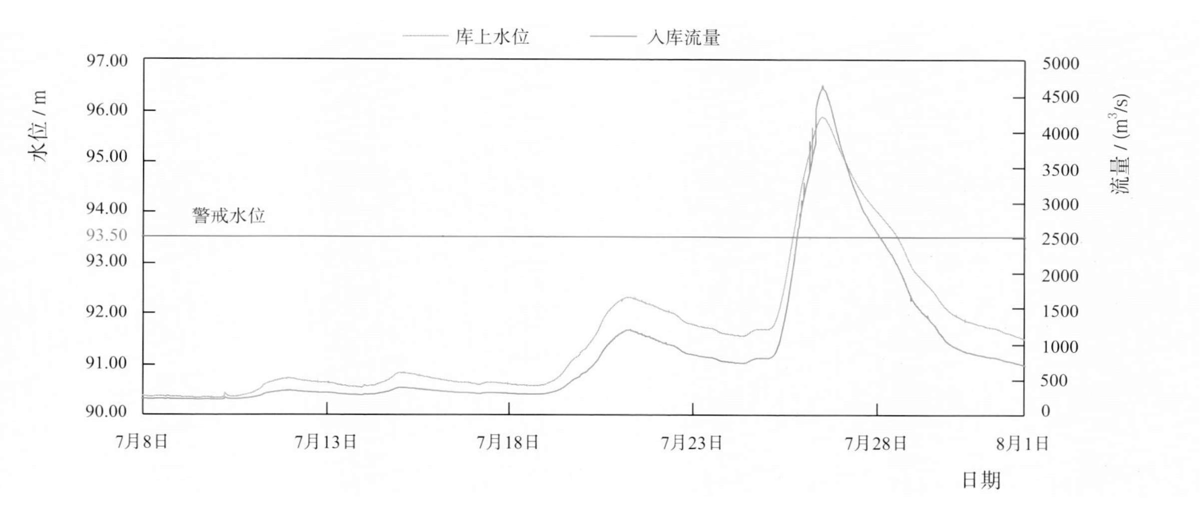

图 4.26　汤旺河晨明水文站水位 – 流量过程线

4.6.5　吉林浑江发生超警洪水，支流大罗圈河超历史

浑江支流大罗圈河铁厂水文站（吉林通化，集水面积为 685km^2）8 月 24 日 15 时洪峰水位为 437.37m，超过保证水位（436.61m）0.76m，相应流量为 836m^3/s，水位、流量均列 1972 年有实测资料以来第 1 位（历史最高水位为 436.9m，最大流量为 792m^3/s，1977 年 8 月）；干流东村水文站（吉林通化）8 月 24 日 20 时洪峰水位为 334.22m，超过警戒水位（334.04m）0.18m，相应流量为 2850m^3/s。

4.7 太湖流域

2018 年，太湖最高水位为 3.72m，未超过警戒水位。太湖周边有 50 个站点（河道站、闸坝站）达到或超过警戒水位，其中 11 个站点超过保证水位；有 8 个潮位站超过警戒水位。

8 月，受台风“云雀”“摩羯”“温比亚”的先后登陆影响，太湖周边及杭嘉湖河网区水位站普遍超警，一度有 39 个站水位超警，最大超警幅度为 0.02 ～ 1.15m；其中有 10 站水位超保，最大超保幅度为 0.24 ～ 0.65m。太湖 22 日 20 时平均最高水位为 3.72m，低于警戒水位（3.80m）。

9 月中旬，受台风“山竹”带来的强降雨影响，太湖周边及杭嘉湖河网区水位站普遍超警，一度有 27 个站水位超警，最大超警幅度为 0.02 ～ 1.03m；其中有 10 站水位超保，最大超保幅度为 0.08 ～ 0.63m。

4.8 内陆河及其他河流

西藏、新疆、内蒙古、青海、甘肃、云南等 6 省（自治区）共有 53 条河流发生超警洪水，9 条河流超保，其中西藏雅鲁藏布江上中游发生超历史洪水，新疆塔里木河上游发生超警洪水；10 月雅鲁藏布江下游接连两次形成堰塞湖。

4.8.1 西藏雅鲁藏布江上中游 8 月下旬发生超历史洪水，10 月下游两次形成米林堰塞湖

雅鲁藏布江上游干流拉孜水文站（西藏日喀则）8 月 25 日 20 时洪峰水位为 13.53m，相应流量为 1420m^3/s，流量列 1980 年有实测资料以来第 1 位（历史最大流量为 1390m^3/s，1999 年 8 月）；中游干流奴各沙水文站（西藏日喀则）8 月 27 日 2 时洪峰水位为 18.37m，27 日 13 时 6 分洪峰流量为 5810m^3/s，流量列 1956 年有实测资料以来第 1 位（历史最大流量为 5730m^3/s，1988 年 8 月）；其下游羊村水文站（西藏山南）8 月 31 日 21 时洪峰水位为 21.04m，相应流量为 9510m^3/s，流量列 1956 年有实测资料以来第 1 位（历史最大流量 8870m^3/s，1962 年 9 月），重现期超过 50 年；中游干流控制站奴下水文站（西藏林芝）9 月 1 日 5 时洪峰水位为 11.25m，相应流量为 11100m^3/s，重现期为 10 年。雅鲁藏布江上中游主要站水位-流量过程线见图 4.27。

雅鲁藏布江米林堰塞湖因西藏自治区林芝市米林县派镇加拉村下游 7km 雅鲁藏布江左岸支沟发生冰川崩塌，形成泥石流，堵塞雅鲁藏布江而先后两次形成。

第一次米林堰塞湖于 10 月 17 日凌晨 5 时形成。堰塞体长 2400m，宽 850m，高 80 ～ 110m，堰塞湖最大蓄水量为 6 亿 m^3。堰塞湖于 19 日 13 时 30 分开始自然过流，推算 16 时最大溃决流量为 32000m^3/s，堰塞体下游 175km 处墨脱县德兴江段 19 日 23 时 40 分洪峰流量为 23400m^3/s，20 日 16 时基本退至基流。

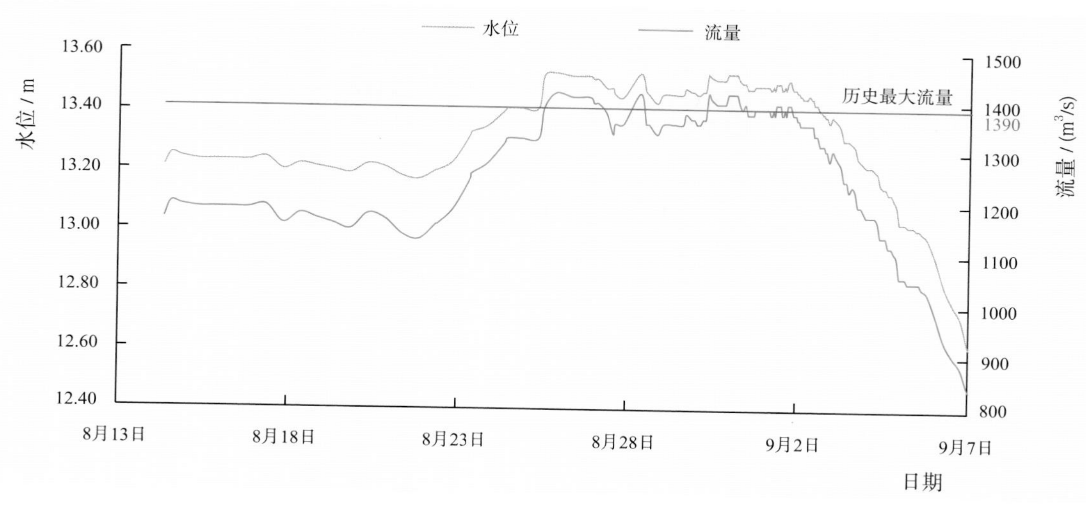

（a）拉孜水文站

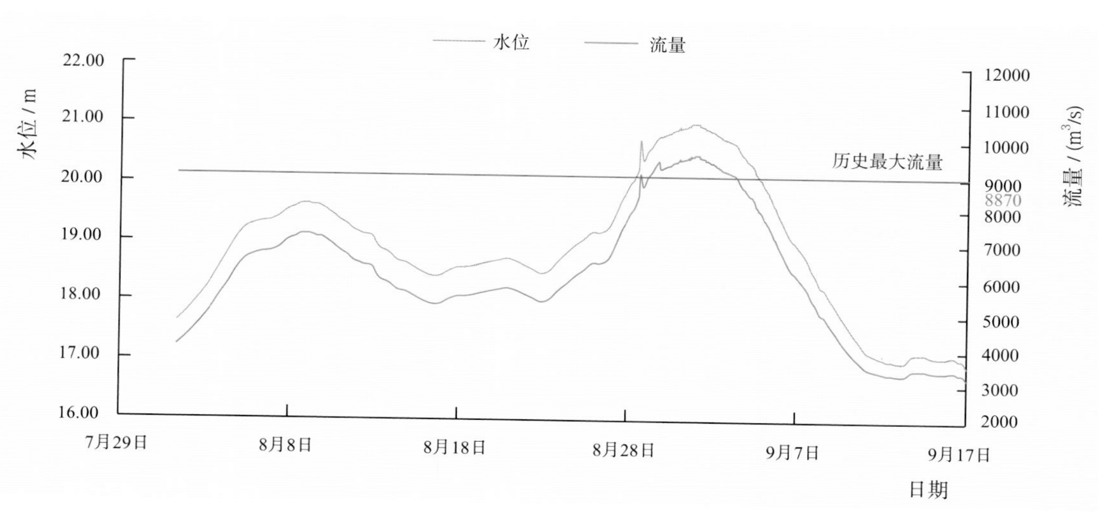

（b）羊村水文站

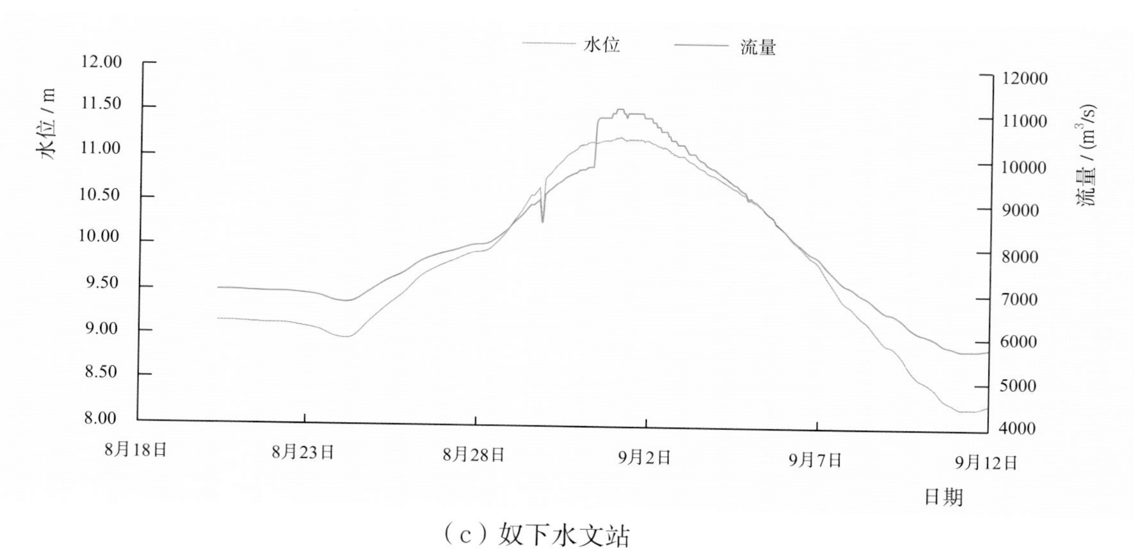

（c）奴下水文站

图 4.27　雅鲁藏布江上中游主要站水位 – 流量过程线

第二次米林堰塞湖于 10 月 29 日凌晨 2 时形成。堰塞体长 1670m，宽 770m，平均高度 90m，较第一次略小，堰塞湖最大蓄水量为 3.2 亿 m^3。堰塞湖 31 日 9 时开始自然过流，推算 12 时 30 分最大溃决流量为 18000m^3/s，堰塞体下游德兴江段 31 日 18 时 30 分洪峰流量为 12500m^3/s，11 月 1 日 7 时基本退至基流。

4.8.2 新疆塔里木河上游发生超警洪水，新渠满河段超保

受克亚吉尔冰川堰塞湖溃坝影响，塔里木河上游支流叶尔羌河上游库鲁克栏干水文站（新疆塔什库尔干）8 月 10 日 17 时 30 分洪峰流量为 1640m^3/s，超过警戒流量（1200m^3/s）；其下游卡群水文站(新疆莎车)8 月 11 日 5 时洪峰流量为 1270m^3/s，超过警戒流量(1200m^3/s)。受高温融雪影响，塔里木河上游支流阿克苏河西大桥水文站（新疆阿克苏）8 月 12 日 20 时洪峰流量为 1600m^3/s，超过警戒流量（1400m^3/s）。

受上游支流来水影响，塔里木河上游干流阿拉尔水文站（新疆阿克苏）8 月 13 日 20 时洪峰流量为 1450m^3/s，超过警戒流量（1300m^3/s）；其下游新渠满水文站（新疆阿克苏）8 月 15 日 16 时洪峰流量为 1360m^3/s，超过保证流量（1300m^3/s），其水位–流量过程线见图 4.28。

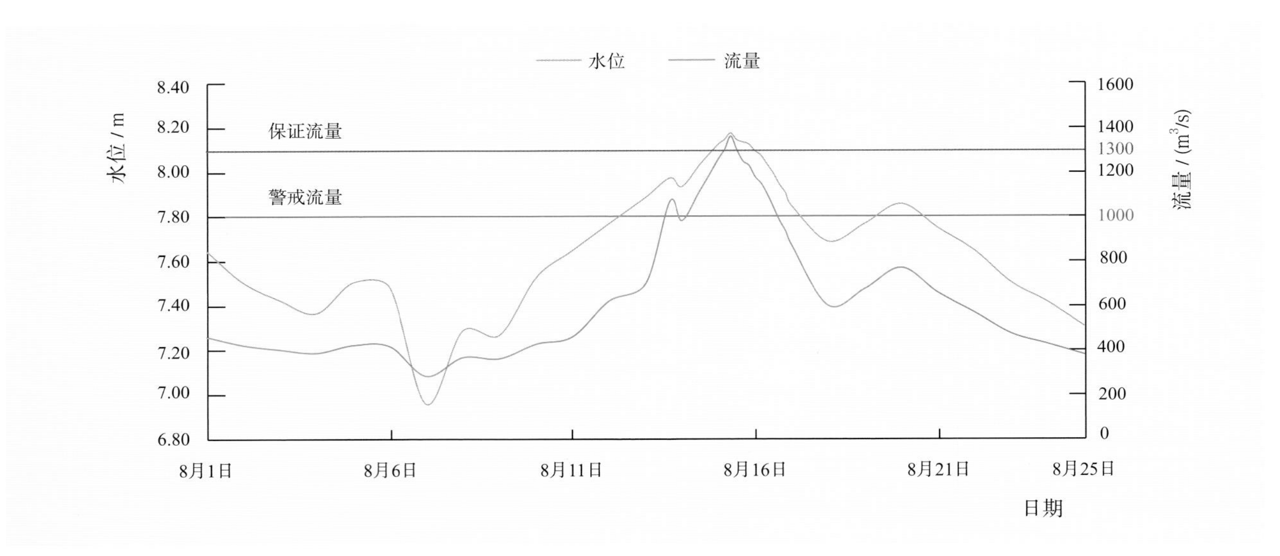

图 4.28　塔里木河新渠满水文站水位－流量过程线

4.8.3 内蒙古内陆河艾不盖河发生超历史洪水

艾不盖河百灵庙水文站（内蒙古包头，集水面积为 5415km^2）7 月 19 日 16 时 6 分洪峰水位为 11.39m，相应流量为 1040m^3/s，流量列 1961 年有实测资料以来第 1 位（历史最大流量为 563m^3/s，1961 年），重现期超过 100 年。

额济纳河哨马营水文站（内蒙古额济纳旗）7 月 8 日 5 时 54 分洪峰水位为 98.27m，超过保证水位（98.25m）0.02m，相应流量为 398m³/s。

4.8.4 甘肃青海部分内陆河发生超警洪水

黑河高崖水文站（甘肃临泽）7 月 9 日 12 时洪峰水位为 1427.66m，超过警戒水位（1427.40m）0.26m，相应流量为 425m³/s。

巴音河德令哈水文站（青海德令哈）7 月 9 日 2 时洪峰水位为 3025.08m，相应流量为 207m³/s，超过警戒流量（160m³/s）。

附录 A　2018 年全国主要江河、水库特征值表

附表 A.1　2018 年全国主要江河控制站年最高水位和最大流量统计表

流域	河名	站名	2018 年最高水位		2018 年最大流量		警戒水位 /m	保证水位 /m	历史最高水位		历史最大流量	
			数值 /m	出现日期	数值 /(m^3/s)	出现日期			数值 /m	出现时间	数值 /(m^3/s)	出现时间
珠江	南盘江	天生桥	441.25	6月25日	890	6月25日			447.50	2001年7月	6110	1997年7月
	红水河	迁江	72.83	6月25日	6000	6月25日	81.70		87.99	1988年9月	18400	1988年9月
	浔江	大湟江口	27.93	6月25日	15300	6月25日	31.70		38.28	2005年6月	43900	1994年6月
	西江	梧州	12.19	7月10日	16200	7月10日	18.50	25.50	27.80	1915年7月	53700	2005年6月
	柳江	柳州	79.36	6月24日	9850	6月23日	82.50	91.20	93.10	1996年7月	33700	1996年7月
	郁江	贵港	39.30	8月7日	7670	8月8日	41.20	45.50	46.93	2001年7月	16000	2001年7月
	北流河	金鸡	33.73	9月17日	4290	9月17日	33.00		38.39	1995年10月	6830	1970年8月
	桂江	昭平	55.70	5月8日	3820	5月8日	58.00		65.13	2008年6月	14000	2008年6月
	北江	石角	7.94	6月9日	9800	6月9日	11.00	14.60	14.68	1994年6月	17400	2006年7月
	东江	博罗	5.83	9月1日	5960	8月31日	11.20		15.68	1959年6月	12800	1959年6月
	南流江	常乐	14.73	5月11日	1770	5月11日	16.00		18.77	1967年8月	4860	1967年8月
	韩江	潮安	13.07	3月9日	1820	9月18日	13.50	14.59	16.95	1964年6月	13300	1960年6月
	万泉河	加积	4.18	8月10日	800	8月10日	9.86		13.30	1954年10月	10100	1970年10月
长江	长江	寸滩	184.05	7月14日	59200	7月14日	180.50	183.50	192.78	1905年8月	85700	1981年7月
	长江	沙市	41.59	7月14日	36900	7月14日	43.00	45.00	45.22	1998年8月	54600	1981年7月
	长江	螺山	30.32	7月19日	45900	7月19日	32.00	34.01	34.95	1998年8月	78800	1954年8月
	长江	汉口	24.71	7月20日	47200	7月20日	27.30	29.73	29.73	1954年8月	76100	1954年8月
	长江	九江	17.79	7月20日	46500	7月18日	20.00	23.25	23.03	1998年8月	75000	1996年7月
	长江	大通	12.04	7月16日	47400	7月20日	14.40	17.10	16.64	1954年8月	92600	1954年8月
	岷江	高场	285.42	8月4日	20800	8月4日	285.00	288.00	290.12	1961年6月	34100	1961年6月
	沱江	富顺	272.86	7月13日	9380	7月13日	268.50	272.30				
	嘉陵江	北碚	197.41	7月13日	29000	7月13日	194.50	199.00	208.17	1981年7月	44800	1981年7月
	乌江	武隆	188.35	7月6日	8850	7月6日	193.00	199.50	204.63	1999年6月	22800	1999年6月
	清江	长阳	80.05	12月10日					84.50	1971年6月	18900	1969年7月
	湘江	湘潭	32.69	11月22日	5930	6月9日	38.00	39.50	41.95	1994年6月	20800	1994年6月

续表

流域	河名	站名	2018 年最高水位		2018 年最大流量		警戒水位 /m	保证水位 /m	历史最高水位		历史最大流量	
			数值 /m	出现日期	数值 /（m^3/s）	出现日期			数值 /m	出现时间	数值 /（m^3/s）	出现时间
	资水	桃江	34.94	5 月 18 日	1610	5 月 18 日	39.20	42.30	44.44	1996 年 7 月	15300	1955 年 8 月
	沅江	桃源	35.58	6 月 8 日	4790	6 月 6 日	42.50	45.40	47.37	2014 年 7 月	29100	1996 年 7 月
	澧水	石门	56.13	9 月 26 日	5160	9 月 26 日	58.50	61.00	62.66	1998 年 7 月	19900	1998 年 7 月
	洞庭湖湖区	城陵矶	31.42	7 月 19 日	15800	7 月 23 日	32.50	34.55	35.94	1998 年 8 月	57900	1931 年 7 月
	汉江	仙桃	28.72	7 月 9 日	3170	6 月 23 日	35.10	36.20	36.24	1984 年 9 月	14600	1964 年 10 月
长江	乐安河	虎山	26.62	7 月 7 日	3930	7 月 7 日	26.00		31.18	2011 年 6 月	10100	1967 年 6 月
	信江	梅港	22.15	7 月 7 日	3320	7 月 7 日	26.00		29.84	1998 年 6 月	13800	2010 年 6 月
	抚河	李家渡	28.67	7 月 8 日	4780	7 月 8 日	30.50	33.08	33.08	1998 年 6 月	11100	2010 年 6 月
	赣江	外洲	19.92	6 月 12 日	9270	6 月 11 日	23.50	25.88	25.60	1982 年 6 月	21500	2010 年 6 月
	潦河	万家埠	24.74	4 月 14 日	1660	4 月 14 日	27.00	29.00	29.68	2005 年 9 月	5600	1977 年 6 月
	鄱阳湖湖区	湖口	17.16	7 月 20 日	9480	6 月 13 日	19.50	22.50	22.59	1998 年 7 月	31900	1998 年 6 月
	太湖湖区	太湖平均水位	3.72	8 月 22 日			3.80		4.97	1999 年 7 月		
	衢江	衢州	60.49	6 月 21 日	2300	6 月 21 日	61.20	63.70	65.75	1955 年 6 月	7620	1955 年 6 月
	金华江	金华	33.16	5 月 8 日	1260	5 月 8 日	35.50	37.00	37.23	1962 年 9 月	5960	1962 年 9 月
	兰江	兰溪	25.51	4 月 30 日	3610	5 月 1 日	28.00	31.00	33.49	1955 年 6 月	14500	2017 年 6 月
太湖及浙闽地区	分水江	分水江	20.21	6 月 20 日	1490	6 月 20 日	23.00	24.50	25.07	2008 年 6 月	4770	2013 年 6 月
	浦阳江	诸暨	8.70	7 月 4 日	400	7 月 4 日	10.64	12.14	13.01	1956 年 8 月	1490	1956 年 8 月
	曹娥江	嵊州	15.16	7 月 4 日	630	7 月 4 日	16.10	19.10	20.76	1962 年 9 月	2850	1989 年 9 月
	闽江	竹岐	3.80	9 月 3 日	5780	6 月 7 日	9.80	12.80	14.71	1998 年 6 月	33800	1998 年 6 月
	沙溪	沙县	106.55	6 月 10 日	3280	6 月 10 日	106.50	109.60	111.29	1994 年 5 月	7650	1994 年 5 月
	富屯溪	洋口	108.57	6 月 21 日	2450	6 月 21 日	109.30	112.60	115.15	1998 年 6 月	13200	1998 年 6 月
	建溪	七里街	93.48	6 月 6 日	3480	6 月 6 日	95.00	98.00	106.23	1998 年 6 月	21600	1998 年 6 月
	大樟溪	永泰	29.56	8 月 29 日	717	8 月 29 日	31.00	34.50	37.62	1960 年 6 月	12700	1960 年 6 月
	淮河	息县	35.07	5 月 7 日	1530	5 月 7 日	41.50	43.00	45.29	1968 年 7 月	15000	1968 年 7 月
淮河	淮河	王家坝（总）	26.37	5 月 8 日	2220①	5 月 8 日	27.50	29.30	30.35	1968 年 7 月	17600	1968 年 7 月
	淮河	润河集（陈郢）	23.12	5 月 9 日	934	3 月 9 日	25.30	27.70	27.82	2007 年 7 月	8300	1954 年 7 月

续表

流域	河名	站名	2018年最高水位		2018年最大流量		警戒水位/m	保证水位/m	历史最高水位		历史最大流量	
			数值/m	出现日期	数值/(m³/s)	出现日期			数值/m	出现时间	数值/(m³/s)	出现时间
淮河	淮河	正阳关（鲁台子）	21.45	8月20日	3230	5月21日	24.00	26.50	26.80	2003年7月	12700	1954年7月
淮河	淮河	蚌埠（吴家渡）	18.03	8月21日	4450	8月21日	20.30	22.60	22.18	1954年8月	11600	1954年8月
淮河	洪汝河	班台（总）	32.84	7月6日	1353	7月6日	33.50	35.63	37.39	1975年8月	6610	1975年8月
淮河	史灌河	蒋家集	29.66	5月7日	1430	5月7日	32.00	33.24	33.39	2003年7月	5900	1969年7月
淮河	颍河	阜阳闸	28.66	3月5日			30.50	32.52	32.52	1975年8月	3310	1965年7月
淮河	淠河	横排头	54.71	8月18日			54.00	56.06	56.04	1969年7月	6420	1969年7月
淮河	涡河	蒙城闸	25.44	8月18日			26.35	27.40	27.10	1963年8月	2080	1963年8月
淮河	洪泽湖	蒋坝	13.81	3月15日			13.50		16.25	1931年8月		
淮河	沂河	临沂	60.3	12月16日	3220	8月20日	64.05	66.56	65.65	1957年7月	15400	1957年7月
黄河	黄河	唐乃亥	2519.06	7月13日	3400	7月13日			2520.38	1981年9月	5470	1981年9月
黄河	黄河	兰州	1514.90	7月23日	3610	7月23日	3000②	6500②	1516.85	1981年9月	5900	1946年9月
黄河	黄河	龙门	381.70	8月12日	3810	9月24日	5000②	7600②	387.58	2000年2月	21000	1967年8月
黄河	黄河	潼关	328.82	7月14日	4650	7月14日	5000②	11000②	332.65	1961年1月	15400	1977年8月
黄河	黄河	花园口	92.15	7月5日	4450	7月7日	93.85	95.17	94.73	1996年8月	22300	1958年7月
黄河	黄河	利津	13.26	7月11日	3670	7月11日	14.24	16.76	15.31	1955年1月	10000	1598年7月
黄河	洮河	红旗	1748.15	7月19日	936	7月19日	1748.60	1750.00	1749.27	1978年9月	2370	1964年7月
黄河	湟水	民和	1764.39	9月1日	367	8月25日			1173.03	1999年8月	1290	1999年8月
黄河	大通河	享堂	1153.54	8月28日	438	9月3日			1154.78	1989年7月	1540	1989年7月
黄河	窟野河	温家川	10.21	8月11日	967	8月11日			100.91	1971年7月	14100	1959年8月
黄河	无定河	白家川	7.75	8月7日	1380	8月7日	3000②		11.71	2017年7月	4480	2017年7月
黄河	汾河	河津	375.20	7月21日	166	7月21日	700②	1750②	376.80	1996年8月	3320	1954年9月
黄河	渭河	华县	341.52	7月14日	3380	7月13日	340.80	343.80	342.76	2003年9月	7660	1954年8月
黄河	泾河	张家山	425.32	7月12日	1180	7月12日	429.50	433.50	451.98	1933年8月	9200	1933年8月
黄河	北洛河	洑头	363.98	7月12日	362	6月23日	370.10	371.60	408.81	1953年8月	6280	1994年9月
黄河	伊洛河	黑石关	106.78	7月14日	148	7月14日	111.50	113.50	115.53	1982年8月	9450	1958年7月
黄河	沁河	武陟	100.93	7月18日	52.1	7月18日	107.00	109.00	108.93	1982年8月	4130	1982年8月

续表

流域	河名	站名	2018年最高水位		2018年最大流量		警戒水位/m	保证水位/m	历史最高水位		历史最大流量	
			数值/m	出现日期	数值/(m^3/s)	出现日期			数值/m	出现时间	数值/(m^3/s)	出现时间
海河	海河	海河闸	2.97	3月15日	673	7月27日	4.18	5.06	3.90	2016年7月	2040	1959年8月
海河	白河	张家坟	184.04	7月16日	1340	7月16日	183.42	185.60	185.36	1998年7月	2600	1998年7月
海河	潮河	下会	175.93	7月25日	358	7月25日	176.57	179.65	178.13	1976年7月	2490	1976年7月
海河	洋河	响水堡	556.66	3月31日	3.89	3月31日			559.43	1948年8月	1270	1979年8月
海河	桑干河	石匣里	824.46	11月5日	32.3	11月5日			823.86	2011年6月	2700	1953年8月
海河	拒马河	张坊	104.04	7月23日	53.7	7月23日	104.90	106.10	119.37	1956年8月	9920	1963年8月
海河	滹沱河	小觉	264.53	8月13日	107	9月5日			268.40	1999年8月	2410	1956年8月
海河	漳河	观台	148.72	7月15日	47.8	7月15日			157.75	1996年8月	9200	1956年8月
海河	南运河	临清	28.52	4月26日	65.2	4月26日	35.51	38.05	37.84	1963年8月	2540	1963年8月
松花江及辽河	嫩江	江桥	138.81	9月15日	2560	9月13日	139.70	140.40	142.37	1998年8月	26400	1998年8月
松花江及辽河	第二松花江	扶余	131.78	11月16日	1200	9月14日	133.56	134.81	134.80	1956年8月	6750	1956年8月
松花江及辽河	松花江	哈尔滨	116.83	9月26日	3550	9月16日	118.10	120.30	120.89	1998年8月	16600	1998年8月
松花江及辽河	松花江	佳木斯	77.98	7月28日	8560	7月28日	79.00	80.00	80.63	1960年8月	18400	1960年8月
松花江及辽河	辽河	铁岭	55.40	9月20日	230	5月11日	60.25	62.35	61.19	1995年7月	14200	1951年8月
松花江及辽河	西辽河	郑家屯	112.59	4月25日			116.56	117.47	116.75	1991年6月	1760	1962年8月
松花江及辽河	东辽河	王奔	109.05	8月16日	199	8月16日	109.79	110.79	113.63	1986年7月	1800	1986年8月
西部地区河流	尼洋河	八一	10.19	7月13日					10.55	2003年7月		
西部地区河流	雅鲁藏布江	奴下	11.25	9月1日	11100	9月1日			12.56	1998年8月	13100	1998年8月
西部地区河流	塔里木河	阿拉尔	9.31	8月13日	1450	8月13日	1300②	1700②	10.32	2001年8月	2280	1999年8月
西部地区河流	伊犁河	三道河子	6.84	7月9日	579	7月9日	1500②	1800②	8.28	1999年7月	2290	1999年7月
西部地区河流	黑河	莺落峡	1677.71	7月20日	446	7月20日	1678.36	1678.86	1679.36	1996年8月	1280	1996年8月
西部地区河流	澜沧江	允景洪	538.29	9月20日	3300	9月20日	543.46	544.77	552.22	1966年9月	12800	1966年9月
西部地区河流	怒江	道街坝	668.16	7月7日	5260	7月7日	669.54	670.98	671.75	1979年10月	10400	1979年10月

注 深色部分为超过警戒水位/流量的站点。
① 该值为王家坝总流量（含淮河干流、钐岗和王家坝闸流量）。
② 该值为警戒/保证流量，单位为 m^3/s。

附表 A.2　2018 年全国主要江河控制站年最低水位和最小流量统计表

流域	河名	站名	2018 年最低水位		2018 年最小流量		历史最低水位		历史最小流量	
			数值 /m	出现日期	数值 /(m^3/s)	出现日期	数值 /m	出现时间	数值 /(m^3/s)	出现时间
珠江	南盘江	天生桥	439.45	2 月 20 日	186	6 月 21 日	437.56	1999 年 2 月	0	1998 年 12 月
	红水河	迁江	58.66	12 月 27 日	328	12 月 27 日	57.76	2004 年 1 月	179	1989 年 3 月
	浔江	大湟江口	21.07	2 月 2 日	1650	2 月 2 日	18.49	2004 年 1 月	607	1989 年 12 月
	西江	梧州	2.37	2 月 17 日	563	3 月 3 日	1.38	2012 年 1 月	664	2009 年 12 月
	柳江	柳州	76.71	6 月 22 日	2	2 月 15 日	68.87	1999 年 3 月	59.8	1999 年 3 月
	郁江	贵港	30.73	12 月 1 日	266	12 月 14 日	26.18	1964 年 1 月	56	2007 年 2 月
	北流河	金鸡	24.45	12 月 13 日	1.96	3 月 24 日	25.66	2017 年 10 月	0.11	2010 年 12 月
	桂江	昭平	53.31	3 月 18 日	0	2 月 2 日	46.03	1994 年 2 月	0	2008 年 1 月
	北江	石角	–1.24	11 月 27 日	14.5	2 月 2 日	–0.76	2014 年 12 月	9.7	2014 年 12 月
	东江	博罗	–0.69	3 月 16 日	–13	5 月 26 日	–0.71	2014 年 12 月	1.93	2013 年 3 月
	南流江	常乐	10.80	1 月 18 日	31.6	12 月 31 日	11.01	2017 年 3 月	5.37	1989 年 12 月
	韩江	潮安	12.13	6 月 2 日	67	12 月 19 日	4.96	2005 年 2 月	1.9	2011 年 4 月
	万泉河	加积	0.40	3 月 14 日	0.4	2 月 20 日	0.54	2015 年 9 月	0.86	2010 年 7 月
长江	长江	寸滩	161.52	5 月 16 日	3130	2 月 20 日	158.08	1987 年 3 月	2060	1937 年 4 月
	长江	沙市	29.95	12 月 26 日	6120	12 月 26 日	30.02	2003 年 2 月	3260	2003 年 2 月
	长江	螺山	18.85	2 月 22 日	9090	2 月 19 日	15.56	1960 年 2 月	4060	1963 年 2 月
	长江	汉口	13.80	1 月 1 日	10100	1 月 1 日	10.08	1865 年 2 月	2930	1865 年 2 月
	长江	九江	8.44	1 月 1 日	10200	1 月 1 日	6.48	1901 年 3 月	5850	1999 年 3 月
	长江	大通	4.75	1 月 1 日	9540	1 月 4 日	3.14	1961 年 2 月	4620	1979 年 1 月
	岷江	高场	274.23	3 月 4 日	559	3 月 4 日	274.22	1980 年 2 月	364	1980 年 2 月
	沱江	富顺	261.46	1 月 12 日	17.2	2 月 13 日	261.01	2015 年 4 月	0.120	2004 年 4 月
	嘉陵江	北碚	172.73	3 月 5 日	276	2 月 16 日	172.01	2007 年 2 月	87.4	2007 年 2 月
	乌江	武隆	168.81	3 月 2 日	271	12 月 5 日	167.11	2008 年 1 月	55.3	2008 年 1 月
	清江	长阳	76.93	12 月 20 日			70.95	1999 年 3 月	1.00	1994 年 11 月
	湘江	湘潭	29.87	12 月 28 日	305	2 月 18 日	26.05	2011 年 12 月	100	1966 年 10 月

续表

流域	河名	站名	2018 年最低水位		2018 年最小流量		历史最低水位		历史最小流量	
			数值 /m	出现日期	数值 /(m³/s)	出现日期	数值 /m	出现时间	数值 /(m³/s)	出现时间
长江	资水	桃江	31.59	9月10日	85.8	9月10日	30.75	2015年2月	11.4	2015年2月
	沅江	桃源	29.78	1月2日	250	7月24日	29.70	2016年12月	44.4	2012年10月
	澧水	石门	50.32	4月24日	11.0	4月24日	48.67	1990年12月	1.00	1996年1月
	洞庭湖湖区	城陵矶	20.09	2月22日	978	7月6日	17.03	1907年1月	377	1975年10月
	汉江	仙桃	23.20	12月31日	536	12月31日	22.26	2014年4月	165	2014年8月
	乐安河	虎山	18.41	10月12日	11.9	10月12日	18.41	2018年10月	4.80	1967年10月
	信江	梅港	16.48	11月5日	49.1	10月6日	16.11	2017年11月	4.14	1997年1月
	抚河	李家渡	21.24	10月7日	4.80	10月7日	21.24	2018年10月	0.060	1967年9月
	赣江	外洲	12.31	2月21日	301	8月24日	11.50	2015年2月	172	1963年11月
	潦河	万家埠	19.33	8月25日	20.1	8月25日	19.30	2017年12月	0	2009年1月
	鄱阳湖湖区	湖口	7.59	1月1日	–159	5月31日	5.90	1963年2月	–13700	1991年7月
太湖及浙闽地区	太湖湖区	太湖平均水位	3.04	1月2日			2.37	1978年9月		
	衢江	衢州	55.55	8月31日	0	1月4日	55.39	1967年10月	0	2009年1月
	金华江	金华	30.13	2月15日	2.06	2月15日	29.88	1999年11月	0	1978年9月
	兰江	兰溪	22.08	4月10日	32	1月14日	20.68	1967年10月	0	1978年7月
	分水江	分水江	16.56	1月3日	0.24	2月9日	16.52	2016年9月	0.06	2016年9月
	浦阳江	诸暨	7.01	8月14日	0.4	3月13日	4.23	1967年11月	0①	1958年8月
	曹娥江	嵊州	11.17	4月1日	0.71	2月18日	河干	1971年8月	0	1971年8月
	闽江	竹岐	–0.85	4月9日	–3770	10月11日	–0.69	2015年3月	196	1971年8月
	沙溪	沙县	101.04	9月13日	21.5	3月17日	99.46	2008年1月	0	2012年1月
	富屯溪	洋口	105.62	1月4日	8.87	1月2日	104.62	2007年11月	2.3	2007年11月
	建溪	七里街	87.14	2月21日	71.2	2月21日	86.82	2017年2月	2.4	2014年2月
	大樟溪	永泰	26.25	5月12日	1.48	12月25日	24.85	1963年4月	0.14	2004年1月
淮河	淮河	息县	29.95	10月14日	22.5	12月3日	31.03	2012年6月	0①	1957年10月
	淮河	王家坝（总）	20.44	6月20日	45.9	6月19日	17.58	2012年7月	–44	2012年8月
	淮河	润河集（陈郢）	20.11	7月5日	80	1月8日	15.27	2001年7月	–84.8	1953年6月

续表

流域	河名	站名	2018 年最低水位		2018 年最小流量		历史最低水位		历史最小流量	
			数值 /m	出现日期	数值 /(m^3/s)	出现日期	数值 /m	出现时间	数值 /(m^3/s)	出现时间
淮河	淮河	正阳关（鲁台子）	17.78	7 月 5 日	74	11 月 4 日	15.08	1978 年 11 月	–43.8	1959 年 9 月
	淮 河	蚌埠（吴家渡）	12.14	10 月 28 日	36.4	11 月 6 日	10.33	1966 年 11 月	0①	1959 年 8 月
	洪汝河	班台（总）	22.41	6 月 18 日	3.05	6 月 18 日	22.38	2012 年 1 月	–28.9	1987 年 7 月
	史灌河	蒋家集	24.75	11 月 2 日	1.96	11 月 2 日	25.40	2012 年 8 月	0①	1955 年 6 月
	颍 河	阜阳闸	27.51	7 月 13 日			21.10	1966 年 6 月		
	淠 河	横排头	50.60	11 月 2 日			46.74	1967 年 1 月		
	涡 河	蒙城闸	24.55	8 月 21 日			18.29	1960 年 3 月		
	洪泽湖	蒋 坝	11.99	8 月 14 日			9.68	1966 年 11 月		
	沂 河	临 沂	57.53	8 月 15 日	0.6	5 月 31 日	56.86	2010 年 5 月	0	1960 年 3 月
黄河	黄 河	唐乃亥	2513.85	1 月 12 日	121	1 月 12 日	2513.30	2011 年 3 月	35.5	2011 年 3 月
	黄 河	兰 州	1511.15	11 月 20 日	337	2 月 26 日	1510.71	1935 年 1 月	60.2	1961 年 4 月
	黄 河	龙 门	377.60	12 月 19 日	193	1 月 13 日	371.84	1934 年 6 月	31.0	2001 年 7 月
	黄 河	潼 关	326.52	4 月 2 日	252	4 月 2 日	321.38	1935 年 12 月	0.950	2001 年 7 月
	黄 河	花园口	89.03	1 月 8 日	403	1 月 8 日	88.52	1962 年 12 月	0	1960 年 5 月
	黄 河	利 津	9.77	3 月 16 日	201	3 月 16 日	6.73	1960 年 6 月	0①	1974 年 8 月
	洮 河	红 旗	1744.21	3 月 27 日	16.5	3 月 27 日	1744.21	1972 年 12 月	8.20	2009 年 2 月
	湟 水	民 和	1762.25	6 月 29 日	10.0	6 月 29 日	1760.87	1979 年 7 月	0.040	1979 年 5 月
	大通河	享 堂	1151.45	1 月 29 日	16.5	1 月 29 日	1149.99	1951 年 3 月	0.800	2009 年 2 月
	窟野河	温家川	7.30	6 月 13 日	1.85	6 月 13 日	6.29	2003 年 8 月	0①	2006 年 7 月
	无定河	白家川	3.83	7 月 1 日	3.52	7 月 1 日	3.44	1999 年 7 月	0.020	1999 年 7 月
	汾 河	河 津	河干	4 月 1 日	0	4 月 1 日	371.31	1998 年 11 月	0①	2009 年 5 月
	渭 河	华 县	334.29	6 月 16 日	55.0	1 月 1 日	330.84	1935 年 7 月	0.010	2003 年 6 月
	泾 河	张家山	420.15	6 月 18 日	1.15	6 月 2 日	420.03	2003 年 1 月	0.69	1994 年 4 月
	北洛河	洑 头	361.21	12 月 12 日	0.092	6 月 15 日	361.25	2007 年 6 月	0.35	2007 年 6 月
	伊洛河	黑石关	104.84	9 月 6 日	6.54	9 月 6 日	104.87	2016 年 3 月	0①	1981 年 9 月
	沁 河	武 陟	99.61	9 月 14 日	2.26	9 月 14 日	河干	1966 年 1 月	0①	2009 年 5 月

续表

流域	河名	站名	2018年最低水位		2018年最小流量		历史最低水位		历史最小流量	
			数值 /m	出现日期	数值 /(m^3/s)	出现日期	数值 /m	出现时间	数值 /(m^3/s)	出现时间
海河	海河	海河闸	0.60	3月2日	0	1月1日	–0.05	1978年5月	–794	1963年8月
	白河	张家坟	181.64	6月21日	1.18	6月21日	178.07	1972年6月	0.100	2011年6月
	潮河	下会	173.35	4月3日	0.17	7月4日	164.01	1973年5月	0①	1972年6月
	洋河	响水堡	556.26	1月1日	0.44	1月1日	554.93	2003年1月	0.070	1975年7月
	桑干河	石匣里	822.91	6月29日	0.45	6月29日				
	拒马河	张坊	0	6月1日	0	4月21日	河干	2006年3月	0①	2008年1月
	滹沱河	小觉	262.59	12月11日	0.47	4月1日	262.13	1959年5月	0.03	2002年3月
	漳河	观台	0	2月21日	0	2月21日	141.81	1952年6月	0①	1983年3月
	南运河	临清	河干	11月3日	0	10月25日	河干	1967年6月	0①	1965年8月
松花江及辽河	嫩江	江桥	134.15	4月23日	69.9	2月14日	133.20	2003年6月	9.67	1986年2月
	第二松花江	扶余	128.28	5月9日	55	4月27日	128.09	2015年4月	43.1	1980年12月
	松花江	哈尔滨	113.54	5月28日	282	2月3日	110.07	2003年6月	125	2003年6月
	松花江	佳木斯	72.44	6月7日	360	1月5日	72.44	2003年6月	109	2007年11月
	辽河	铁岭	51.98	10月19日	6	2月14日	52.18	2017年6月	0①	1959年3月
	西辽河	郑家屯	112.55	5月1日			114.09	1987年6月	0①	1961年1月
	东辽河	王奔	106.1	5月12日	2.09	12月8日	106.20	2017年5月	0①	1969年1月
西部地区河流	尼洋河	八一	6.39	3月19日			6.26	1991年5月		
	雅鲁藏布江	奴下	1.67	2月4日	339	4月3日	1.19	1984年2月	220	1997年2月
	塔里木河	阿拉尔	7.90	5月16日	6.29	6月3日	7.48	1985年6月	0.42	1959年6月
	伊犁河	三道河子	5.15	8月12日	65	8月11日	4.80	2014年6月	68.5	2014年6月
	黑河	莺落峡	1675.54	4月9日	4.00	4月9日	1675.86	2016年6月	0①	2001年4月
	澜沧江	允景洪	534.82	8月18日	600	8月18日	533.39	1995年4月	74.6	1995年4月
	怒江	道街坝	661.11	2月5日	364	2月5日	660.67	1960年2月	304	1995年2月

① 该水文断面曾在不同年份多次断流。

附表 A.3　2018 年松花江、辽河、海河、黄河流域主要江河控制站各月平均流量统计表

流域	河名	站名	2018 年各月平均流量（m^3/s）												历史最小月平均流量	
			1 月	2 月	3 月	4 月	5 月	6 月	7 月	8 月	9 月	10 月	11 月	12 月	数值 /（m^3/s）	出现时间
松花江	嫩江	江桥	100	80.2	125	217	288	362	1550	1970	1820	985	587	223	12.2	1977 年 2 月
松花江	第二松花江	丰满（入库）	78	53	275	384	432	656	680	891	605	376	279	130	0	1974 年 1 月
松花江	松花江	哈尔滨	379	288	426	636	390	497	1630	2460	3390	2340	1260	786	10.5	1920 年 1 月
辽河	辽河	铁岭	7.48	6.17	10.5	15	124	28.4	35.8	54.01	76.8	22.78	16	13.82	0.38	2002 年 1 月
海河	滦河	潘家口（入库）	6.63	5.85	10.2	15.8	12.1	10.4	146	179	54.7	30.9	23.2	12.5	0.160	2001 年 5 月
海河	白河	张家坟	3.06	2.60	2.59	7.01	6.35	3.58	23.3	13.3	7.12	5.92	3.17	2.26	0.427	2014 年 8 月
海河	潮河	下会	2.24	1.90	1.64	1.50	1.43	0.47	27.9	16.6	5.69	3.93	3.42	2.78	0.010	1972 年 6 月
海河	洋河	响水堡	0.443	0.443	0.505	0.443	0.460	0.475	0.611	0.588	0.610	0.495	1.43	0.457	0.100	2004 年 11 月
海河	桑干河	石匣里	1.22	1.40	2.62	1.90	8.85	9.32	3.03	2.16	1.77	1.89	19.5	5.30	0	2007 年 6 月
海河	拒马河	张坊	1.62	1.06	0.466	0	0	0.920	29.6	18.9	7.80	5.51	3.34	2.30	0	2007 年 7 月
海河	滹沱河	小觉	0.800	0.77	0.595	1.55	0.920	0.950	16.9	33.3	43.3	7.66	1.79	0.81	0.200	2001 年 1 月
海河	漳河	观台	0	1.51	0.49	0	4.86	1.01	17.1	9.25	0.602	0	0	0	0	2000 年 5 月
海河	南运河	临清	15.2	13.1	3.82	17.9	40.3	29.4	18.2	9.51	11.2	8.31	3.53	20.1	0	1973 年 12 月
黄河	黄河	龙羊峡（入库）	188	177	222	413	847	1060	2300	1300	2100	1400	693	346	81.9	2003 年 1 月
黄河	黄河	兰州	502	449	577	993	1450	1490	1970	2180	3040	2260	1120	720	228	1963 年 1 月
黄河	黄河	龙门	404	515	639	531	472	707	1240	1840	2540	2390	1060	605	120	2001 年 7 月
黄河	黄河	潼关	481	592	723	675	634	833	2280	2260	2910	2560	1110	655	102	1997 年 6 月
黄河	黄河	花园口	505	649	995	1350	1620	1840	2850	1840	2300	1780	718	538	64.4	1960 年 12 月
黄河	渭河	华县	98.2	86.6	106	145	156	158	925	323	253	140	117	102	3.5	1979 年 12 月
黄河	伊洛河	黑石关	35.6	32.7	50.6	74.5	82.5	90.9	74.7	41.5	29.3	36.8	39.5	26.6	5.5	1978 年 5 月

附表 A.4　2018 年淮河、长江、珠江及钱塘江、闽江流域主要江河控制站各月平均流量统计表

流域	河名	站名	2018 年各月平均流量 / (m^3/s)												历史最小月平均流量	
			1 月	2 月	3 月	4 月	5 月	6 月	7 月	8 月	9 月	10 月	11 月	12 月	数值 / (m^3/s)	出现时间
淮河	淮 河	王家坝	167	179	411	204	818	327	579	479	119	80	88.7	77	– 44.0	2012 年 8 月
	淮 河	正阳关 (鲁台子)	503	504	958	526	1900	996	615	1380	433	195	225	304	– 43.8	1959 年 9 月
	淮 河	蚌 埠	611	590	1210	510	2317	1250	1390	1920	543	201	264	421	0	1959 年 8 月
	洪汝河	班 台	55.5	42.5	73.8	43.4	177	152	212	215	48.1	19	23.7	18.4	–28.9	1987 年 7 月
	史灌河	蒋家集	37.1	37.8	103	65.2	364	56.3	50.7	86.3	24.7	7.97	7.51	20.7	0	1955 年 6 月
	沂 河	临 沂	5.75	6.9	2.86	5.54	14.4	7.38	39.6	255	70.2	23.5	12.1	24.5	0	1960 年 3 月
长江	长 江	寸 滩	5600	4530	4620	6250	9230	12300	33100	25100	17600	16000	7240	4900	2250	1915 年 3 月
	长 江	宜 昌	8110	8030	7820	9800	17100	16500	35500	27800	16000	15500	10400	6860	3060	1979 年 3 月
	长 江	汉 口	12000	12700	13600	15600	24700	25900	39400	34800	22700	22000	18000	12400	3290	1865 年 2 月
	长 江	大 通	14700	15800	18600	20700	28800	34400	42200	38800	27300	23800	21400	18100	6730	1963 年 2 月
	嘉陵江	北 碚	779	547	617	1430	2060	2440	9620	3120	2130	1450	1020	986	194	2003 年 2 月
	沅 江	桃 源	1020	672	1200	1790	2910	2680	1940	1210	1550	1640	1730	1170	206	1956 年 12 月
	湘 江	湘 潭	775	624	1460	1070	2000	1810	1020	1310	1290	1050	2160	1560	176	1956 年 12 月
	汉 江	丹江口(入库)	554	549	754	749	1790	1300	1900	1290	904	248	355	393	73.0	1992 年 2 月
	赣 江	外 洲	1070	812	1360	1230	1300	3210	1910	1120	1380	870	1740	1630	254	1956 年 12 月
钱塘江	新安江	新安江(入库)	146	149	370	589	595	449	530	94.3	83.4	36.5	93.2	338	5.60	1967 年 12 月
闽江	闽 江	竹 岐	732	568	898	727	880	2180	1140	941	1190	639	1230	1030	270	1968 年 1 月
珠江	西 江	梧 州	4260	2900	3620	4320	7080	9200	8480	8710	9280	5060	4190	2820	835	1942 年 2 月
	北 江	石 角	845	444	670	556	940	1800	904	800	1500	694	564	477	156	2004 年 1 月
	东 江	博 罗	467	378	371	342	396	960	356	721	1240	534	516	507	57.8	1955 年 3 月

附表 A.5　2018 年松花江、辽河、海河、黄河流域主要江河控制站分期平均流量统计表

流域	河名	站名	全年			汛前（1—5 月）			汛期（6—9 月）			汛后（10—12 月）		
			2018 年平均流量 /（m^3/s）	多年平均流量 /（m^3/s）	距平 /%	2018 年同期平均流量 /（m^3/s）	多年同期平均流量 /（m^3/s）	距平 /%	2018 年同期平均流量 /（m^3/s）	多年同期平均流量 /（m^3/s）	距平 /%	2018 年同期平均流量 /（m^3/s）	多年同期平均流量 /（m^3/s）	距平 /%
松花江	嫩江	江桥	692	674	3	162	206	−21	1430	1440	−1	598	435	37
	第二松花江	丰满（入库）	403	404	0	244	283	−12	708	747	−5	261	145	78
	松花江	哈尔滨	1210	1340	−10	424	653	−35	1990	2330	−15	1460	1180	24
辽河	辽河	铁岭	34.2	94.7	−64	32.6	35.5	−8	48.8	208	−77	17.5	41.8	−58
海河	滦河	潘家口（入库）	42.8	53.2	−20	10.2	19.4	−48	98.6	110	−10	22.2	33.2	−33
	白河	张家坟	6.70	14	−52	4.30	6.60	−34	11.9	26.3	−55	3.80	9.70	−61
	潮河	下会	5.90	8.6	−32	1.70	2.90	−40	12.8	17.9	−28	3.40	5.80	−42
	洋河	响水堡	0.60	11.8	−95	0.5	9.20	−95	0.60	17.0	−97	0.80	9.10	−91
	桑干河	石匣里	4.90	16.0	−69	3.2	13.5	−76	4.00	23.2	−83	8.80	10.5	−17
	拒马河	张坊	6.00	17.1	−65	0.6	7.00	−91	14.5	33.2	−56	3.70	12.4	−70
	滹沱河	小觉	9.20	20.8	−56	0.9	10.1	−91	23.6	38.1	−38	3.40	15.6	−78
	漳河	观台	2.90	31.1	−91	1.4	12.7	−89	7.10	56.6	−87	0	27.4	−100
	南运河	临清	15.9	65.9	−76	18.2	35.9	−49	17.0	103	−83	10.7	66.6	−84
黄河	黄河	龙羊峡（入库）	925	628	47	373	293	27	1690	1100	54	822	554	48
	黄河	兰州	1400	1010	39	800	604	33	2170	1560	39	1380	930	49
	黄河	龙门	1080	914	18	512	612	−16	1580	1300	21	1370	893	53
	黄河	潼关	1320	1100	20	621	764	−19	2070	1520	36	1460	1090	34
	黄河	花园口	1420	1230	16	1030	779	32	2210	1780	24	1020	1220	−16
	渭河	华县	219	195	12	119	106	12	418	300	39	121	202	−40
	伊洛河	黑石关	51.3	76.5	−33	55	45.4	21	59.1	110	−46	34.7	83.3	−58

附表 A.6　2018 年淮河、长江、珠江及钱塘江、闽江流域主要江河控制站分期平均流量统计表

流域	河名	站名	全年			汛前（1—4 月）			汛期（5—9 月）			汛后（10—12 月）		
			2018 年平均流量 /（m^3/s）	多年平均流量 /（m^3/s）	距平 /%	2018 年同期平均流量 /（m^3/s）	多年同期平均流量 /（m^3/s）	距平 /%	2018 年同期平均流量 /（m^3/s）	多年同期平均流量 /（m^3/s）	距平 /%	2018 年同期平均流量 /（m^3/s）	多年同期平均流量 /（m^3/s）	距平 /%
淮河	淮河	王家坝	296	283	4	242	128	88	467	501	−7	80.5	157	−49
淮河	淮河	正阳关（鲁台子）	715	688	4	626	314	99	1070	1140	−6	242	424	−43
淮河	淮河	蚌埠	937	857	9	734	364	102	1490	1420	5	282	559	−50
淮河	洪汝河	班台	90.5	79.5	14	54.1	28.3	91	162	140	15	20.3	46.8	−57
淮河	史灌河	蒋家集	72.3	66.2	9	61.1	38.3	59	117	108	8	12.1	31.5	−62
淮河	沂河	临沂	39.3	66.4	−41	5.2	13.2	−60	77.8	134	−42	20.1	28.1	−28
长江	长江	寸滩	12300	11100	10.8	5260	3640	44.5	19500	18200	7.1	9400	9120	3.1
长江	长江	宜昌	15000	14000	7.1	8440	5040	67.5	22700	22600	0.4	10900	11600	−6.0
长江	长江	汉口	21200	23200	−8.6	13500	11100	21.6	29600	34300	−13.7	17500	20500	−14.6
长江	长江	大通	25500	28800	−11.5	17500	16100	8.7	34300	41900	−18.1	21100	23700	−11.0
长江	嘉陵江	北碚	2200	2050	7.3	846	584	44.9	3890	3530	10.2	1150	1500	−23.3
长江	沅江	桃源	1630	2010	−19	1170	1410	−17	2060	3070	−33	1510	1020	48
长江	湘江	湘潭	1350	2120	−36.3	980	2070	−52.6	1490	2760	−46	1590	1120	42
长江	汉江	丹江口（入库）	902	1100	−18	653	495	32	1440	1690	−15	332	911	−64
长江	赣江	外洲	1470	2170	−32.3	1120	1980	−43.4	1780	3020	−41.1	1410	1010	39.6
钱塘江	新安江	新安江（入库）	290	324	−10	315	332	0	351	458	−23	157	91.9	70
闽江	闽江	竹岐	1010	1670	−39	731	1420	−48	1270	2450	−48	966	701	38
珠江	西江	梧州	5840	6790	−14	3790	2680	41	8540	11900	−28	4020	3600	12
珠江	北江	石角	850	1340	−36	634	1010	−37	1180	2070	−43	579	545	6
珠江	东江	博罗	565	743	−24	390	474	−18	730	1140	−36	519	440	18

附表 A.7 2018 年全国重点大中型水库水情特征值统计表

流域	河名	水库	最大入库流量		最大出库流量		最高库水位		
			数值 /（m^3/s）	出现时间	数值 /（m^3/s）	出现时间	数值 /m	相应蓄水量 / 亿 m^3	出现时间
珠江	北江	飞来峡	7000	6 月 9 日	7900	6 月 9 日	24.18	4.36	11 月 23 日
	新丰江	新丰江	29400	9 月 21 日	5510	6 月 23 日	110.23	87.74	1 月 1 日
长江	长江	三峡	60000	7 月 14 日	43300	7 月 16 日	175.00	393.00	10 月 31 日
	雅砻江	二滩	6420	7 月 14 日	6620	7 月 14 日	1199.95	57.88	10 月 31 日
	乌江	乌江渡	2290	6 月 23 日	1170	8 月 3 日	756.26	19.68	10 月 12 日
	清江	隔河岩	1290	5 月 6 日	1190	6 月 2 日	197.74	28.71	11 月 27 日
	耒水	东江	498	7 月 8 日	316	1 月 30 日	272.30	62.30	12 月 12 日
	资水	柘溪	2470	8 月 16 日	1470	5 月 18 日	168.01	28.01	11 月 28 日
	酉水	凤滩	9280	5 月 26 日	5600	9 月 26 日	204.94	13.87	9 月 28 日
	沅江	五强溪	9860	7 月 6 日	4660	6 月 6 日	106.40	27.99	9 月 27 日
	汉江	安康	6780	7 月 4 日	7310	7 月 12 日	329.97	25.83	1 月 3 日
	汉江	丹江口	6540	7 月 13 日	3380	6 月 15 日	165.44	247.89	1 月 1 日
	赣江	万安	6420	6 月 10 日	7000	6 月 10 日	96.04	11.22	7 月 24 日
	修河	柘林	2800	4 月 14 日	1060	4 月 22 日	63.16	44.85	7 月 17 日
太湖及浙闽地区	新安江	新安江	4850	7 月 1 日	1240	5 月 21 日	103.24	150.38	7 月 14 日
淮河	宿鸭湖	宿鸭湖	2870	7 月 5 日	821	7 月 29 日	53.35	3.13	7 月 6 日
	浉河	南湾	1340	5 月 6 日	149	10 月 18 日	104.04	7.26	3 月 9 日
	灌河	鲇鱼山	889	8 月 17 日	116	8 月 9 日	106.89	5.07	2 月 3 日
	史河	梅山	1310①	8 月 18 日	620	7 月 26 日	127.88	13.51	4 月 24 日
	淠河西源	响洪甸	1670①	8 月 18 日	289	5 月 19 日	127.08	13.55	3 月 13 日
	淠河东源	佛子岭	2100	8 月 17 日	1790	8 月 17 日	124.15	3.32	5 月 5 日
	新沭河	石梁河			4080	8 月 20 日	24.85	2.87	8 月 20 日

续表

流域	河名	水库	最大入库流量		最大出库流量		最高库水位		
			数值 /(m^3/s)	出现时间	数值 /(m^3/s)	出现时间	数值 /m	相应蓄水量 /亿 m^3	出现时间
黄河	黄河	龙羊峡	3400	7月13日	2270	9月11日	2600.09	247.32	11月8日
	黄河	刘家峡	3479	10月7日	3110	9月28日	1734.80	39.89	9月16日
	黄河	万家寨	2919	10月13日	3390	9月20日	980.01	4.41	4月6日
	黄河	三门峡	4650	7月14日	4220	7月15日	318.88	4.96	5月24日
	黄河	小浪底	4220	7月15日	4410	7月4日	267.57	74.78	2月21日
	东平湖	东平湖	2070	8月20日	222	8月23日	42.83	5.42	8月26日
海河	滦河	潘家口	1300	7月25日	610	8月13日	224.11	22.04	4月18日
	白河	密云（白河电厂）					149.01	25.80	11月28日
	永定河	官厅			39.4	9月6日	476.28	5.33	12月26日
	漳河	岳城	48.2[①]	5月22日	124	4月14日	141.94	4.28	1月16日
	滹沱河	黄壁庄	111	7月23日	124	3月15日	119.33	4.05	2月26日
	青龙河	桃林口	1204	7月26日	260	8月15日	139.02	6.68	2月19日
	州河	于桥	562[①]	8月15日	30	7月12日	21.26	4.17	8月22日
	浑河	大伙房	129	7月14日	206	5月17日	127.16	10.58	12月25日
松花江及辽河	碧流河	碧流河	1800	8月20日	15.5	7月24日	64.14	4.78	9月7日
	太子河	观音阁	570	8月14日	200	5月5日	252.00	12.37	12月3日
	第二松花江	白山	5120	8月24日	1190	8月27日	416.15	53.73	10月16日
	第二松花江	丰满	4370	8月25日	1170	9月26日	256.49	61.34	9月11日

① 日均入库流量。

附录 B　2018 年全国水情工作大事记

2 月，水利部信息中心派员参加在越南河内举行的 ESCAP/WMO 台风委员会第 50 届年会。

3 月，水利部与中国气象局联合召开会商会，共同研判 2018 年汛期全国雨水情趋势。

4 月，全国水文情报预报工作视频会议在北京召开，会议总结交流 2017 年水情工作经验，安排部署 2018 年水情重点工作。

5—6 月，水利部信息中心组织召开海河流域、黄河流域水情预报协作会，开展了黄河、海河、辽河流域洪水预报演练和专项检查等工作，提升了北方地区整体协同配合和预测预报能力。

6 月，水利部信息中心派员参加在瑞士日内瓦举行的世界气象组织执行理事会第 70 次届会。

7 月，水利部办公厅印发了《全国洪水作业预报工作管理办法》，规范全国洪水作业预报工作，强化联合会商预报机制，细化了联合会商启动标准和流程。

9 月，水利部颁布水利行业标准《水情预警信号》（SL 758—2018），规定了水情预警信号的分类、等级划分和图式。

10 月，水利部信息中心派员参加在日本东京举行的 ESCAP/WMO 台风委员会水文工作组第七次会议。

10—11 月，金沙江、雅鲁藏布江连续 4 次山体滑坡形成堰塞湖，水利部信息中心第一时间组织开展卫星遥感监测影像判读，开展水文监测预报预警、堰塞体溃决洪水分析、国际水情信息报送等工作，为堰塞湖成功处置提供了技术支撑。

11 月，水利部信息中心派员参加在泰国清迈举行的 ESCAP/WMO 台风委员会第 13 届综合研讨会；应俄罗斯紧急情况部邀请，水利部信息中心派员赴俄罗斯莫斯科参加中俄防洪合作联合工作组第四次会议。

2018 年，赤道中东太平洋由拉尼娜事件逐渐转为正常偏暖状态，春季以来西北太平洋副热带高压明显偏强偏西，汛期我国南北方暴雨多发、局地频发，四大江河接连发生编号洪水，河流超警多，堰塞湖事件连续集中。面对复杂严峻的汛情，全国水文部门超前部署，及时准确监测预报，强化联合会商分析，成功防御长江、黄河、淮河、松花江等流域 7 次编号洪水，科学防范“山竹”“玛莉亚”“温比亚”等台风袭击，有效应对金沙江、雅鲁藏布江接连 4 次堰塞湖事件，为夺取防汛抗旱防台风的全面胜利提供了重要的支撑和保障。全国水文部门共发布 859 条水情预警信息，为各级政府防汛指挥决策和社会公众防灾减灾避险提供了信息服务。

附录C 名词解释与指标说明

1. 洪水等级： 小洪水是指洪水要素重现期小于5年的洪水；中洪水是指洪水要素重现期大于等于5年、小于20年的洪水；大洪水是指洪水要素重现期大于等于20年、小于50年的洪水；特大洪水是指洪水要素重现期大于等于50年的洪水。

2. 编号洪水： 大江、大河、大湖及跨省独流入海主要河流的洪峰达到警戒水位（流量）、3～5年一遇洪水量级或影响当地防洪安全的水位（流量）时，确定为编号洪水。

3. 警戒水位： 可能造成防洪工程或防护区出现险情的河流和其他水体的水位。

4. 保证水位： 能保证防洪工程或防护区安全运行的最高洪水位。

5. 台风： 热带气旋的一个类别，热带气旋中心持续风速达到12级即称为台风。通常热带气旋按中心附近地面最大风速划分为6个等级，见附表C.1。

附表C.1 热带气旋等级划分

名称	低层中心附近最大平均风速 /(m/s)	风力
超强台风	≥ 51.0	≥ 16级
强台风	41.5 ～ 50.9	14 ～ 15级
台风	32.7 ～ 41.4	12 ～ 13级
强热带风暴	24.5 ～ 32.6	10 ～ 11级
热带风暴	17.2 ～ 24.4	8 ～ 9级
热带低压	10.8 ～ 17.1	6 ～ 7级

注 引自国家标准《热带气旋等级》（GB/T 19201—2006），本书中除特殊说明外，将风力等级为热带风暴以上量级的热带气旋统称为台风。

6. 降雨等级： 降雨分为微量降雨（零星小雨）、小雨、中雨、大雨、暴雨、大暴雨、特大暴雨共 7 个等级，具体划分见附表 C.2。

附表 C.2　降 雨 等 级 划 分

等级	时段降雨量 /mm	
	12h 降雨量	24h 降雨量
微量降雨（零星小雨）	< 0.1	< 0.1
小　雨	0.1 ~ 4.9	0.1 ~ 9.9
中　雨	5.0 ~ 14.9	10.0 ~ 24.9
大　雨	15.0 ~ 29.9	25.0 ~ 49.9
暴　雨	30.0 ~ 69.9	50.0 ~ 99.9
大暴雨	70.0 ~ 139.9	100.0 ~ 249.9
特大暴雨	≥ 140.0	≥ 250.0

注　引自国家标准《降水量等级》（GB/T 28592—2012）。

7. 水情预警： 指向社会公众发布的洪水、枯水等预警信息，一般包括发布单位、发布时间、水情预警信号、预警内容等。

8. 入汛日期： 指当年进入汛期的开始日期。考虑暴雨、洪水两方面因素，入汛日期采用雨量和水位两个入汛指标确定。详见《我国入汛日期确定办法》（水防〔2019〕119 号）。